工业机器人技术应用系列
高等教育"十三五"规划教材

FANUC 工业机器人
基础操作与编程

◎ 张 焱 张玲玲 **主 编**
◎ 封佳诚 林 谊 **副主编**

电子工业出版社.
Publishing House of Electronics Industry
北京 · BEIJING

内 容 简 介

本书以 FANUC 工业机器人为例，介绍了工业机器人的发展、系统组成、坐标系设置、轨迹编程、常用功能设定与零点标定、I/O 信号分类、教学工作站的搭建和应用，通过详尽的图解实例对 FANUC 工业机器人的功能和操作方法进行讲述，让读者了解具体操作和编程的方法，从而帮助读者对 FANUC 工业机器人有一个全面的认识。

本书可作为应用型本科及职业院校自动化类专业的教学用书，也可作为相关企业的培训用书，同时是从事工业机器人技术应用与开发的工程师的有益读本。

图书在版编目（CIP）数据

FANUC 工业机器人基础操作与编程 / 张焱，张玲玲主编. —北京：电子工业出版社，2019.10
ISBN 978-7-121-37368-8

Ⅰ. ①F… Ⅱ. ①张… ②张… Ⅲ. ①工业机器人-操作-高等学校-教材 ②工业机器人-程序设计-高等学校-教材 Ⅳ. ①TP242.2

中国版本图书馆 CIP 数据核字（2019）第 197551 号

责任编辑：朱怀永
印　　刷：北京七彩京通数码快印有限公司
装　　订：北京七彩京通数码快印有限公司
出版发行：电子工业出版社
　　　　　北京市海淀区万寿路 173 信箱　邮编　100036
开　　本：787×1092　1/16　　印张：11.75　　字数：300.8 千字
版　　次：2019 年 10 月第 1 版
印　　次：2024 年 8 月第 12 次印刷
定　　价：38.80 元

凡所购买电子工业出版社图书有缺损问题，请向购买书店调换。若书店售缺，请与本社发行部联系，联系及邮购电话：（010）88254888，88258888。

质量投诉请发邮件至 zlts@phei.com.cn，盗版侵权举报请发邮件至 dbqq@phei.com.cn。

本书咨询联系方式：（010）88254608 或 zhy@phei.com.cn。

前 言

PREFACE

生产力的不断进步推动了科技的进步与革新，建立了更加合理的生产关系。自工业革命以来，人力劳动已经逐渐被机械所取代，而这种变革为人类社会创造出巨大的财富，极大地推动了人类社会的进步。时至今天，机电一体化、机械智能化等技术应运而生。人类充分发挥主观能动性，进一步增强对机械的利用效率，使之创造出更加巨大的生产力。工业机器人的出现是人类利用机械进行社会生产历史上的一个里程碑。

我国机械制造业及其相关产业过去长期依赖人力，并且存在劳动力过剩与生产效率相对较低的现实。从畜力代替人力耕作、劳动到简单省力机械的应用，从对风能、水能的利用到对电力、核能的使用，人类总是朝着更省力的方向前进。因此，德国提出了工业 4.0，我国提出了"中国制造 2025"，装备智能化势在必行。工业机器人是装备智能化的物质基础，相较于传统机械，工业机器人朝着类人运动的方向走得更远，应用领域更加开放。

本书以 FANUC 工业机器人为例，介绍了工业机器人的发展、系统组成、坐标系设置、轨迹编程、常用功能设定与零点标定、I/O 信号分类、教学工作站的搭建和应用。

对本书中的疏漏之处，我们热忱欢迎读者提出宝贵的意见和建议。

编 者
2019 年 6 月

目 录

CONTENTS

单元 1
工业机器人认识

本单元课件

 学习目标

学习目标	学习目标分解	学习要求
知识目标	了解工业机器人的概念	了解
	了解工业机器人的分类	了解
	了解工业机器人常见的应用领域	了解
	熟知五种以上 FANUC 工业机器人的型号	熟练掌握
	熟知 FANUC 工业机器人选型原则	熟练掌握
技能目标	—	—

 课程导入

随着时代的发展，人们对产品的质量及生产效率的要求不断提高，工业生产开始越来越多地强调自动化生产，而工业机器人作为直接执行者，在自动化整体转型中起着决定性的作用，也是通过自动化转型来优化产业结构的必经之路。

本单元的主要内容有：什么是工业机器人、工业机器人典型应用领域、FANUC 工业机器人的型号等。

 课程内容

1.1.1 了解工业机器人

1. 工业机器人技术在汽车制造业中的应用案例

近年来，工业机器人技术的应用领域越来越广泛，如弧焊、点焊、装配、搬运、喷漆、检测、码垛、研磨抛光和激光加工等。工业机器人技术已从传统制造业推广到其他制造业，进而推广到如采矿、建筑、农业、灾难救援等各种非制造行业。工业机器人技术的日趋成熟与发展，给人类的生产过程带来了重大的变革。在美国，60%的工业机器人用于汽车生产；全世界用于汽车产业的工业机器人已经达到总用量的 50%以上。

在我国，工业机器人最初用于汽车制造业和工程机械行业的喷涂及焊接。工业机器人在汽车整车生产中的应用主要有点焊、弧焊、铆接、涂胶、喷涂等；在汽车零部件生产中的应用主要有点焊、凸焊、缝焊、对焊及电弧焊等。随着我国汽车工业的发展和自动化水平的不断提高，预计国内企业对焊接机器人的需求量将以 30%以上的速度增长。以下是汽车制造业中普遍应用的几种工业机器人。

图 1-1 所示为上海通用汽车生产工厂的焊装车间的一部分，在这一焊接工位上，16 台高密度机器人协同作业，实现了高效生产。整个焊装车间共有 452 台工业机器人，工业机器人的使用使该工厂生产线自动化率达到了 97%。在汽车车身生产中，有工作量较大的压铸、焊接、检测等工序，这些复杂工作均由工业机器人参与完成，特别是焊接线，自动化程度在 98%以上。在汽车内饰件生产中，则需要表皮弱化机器人、发泡机器人、产品切割机器人等多种不同用途的工业机器人。工业机器人的应用大大提高了劳动生产率和产品质量。

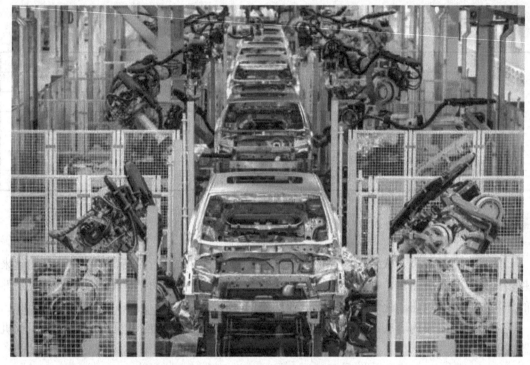

图 1-1　汽车生产焊接工位

喷涂机器人在汽车制造业中可喷涂形态复杂的汽车零件，多用于汽车车体的喷涂作业，如喷漆、喷釉等。喷涂机器人在汽车喷涂中的应用如图 1-2 所示。喷涂机器人不仅可提高产品的质量与产量，而且对保障人身安全、改善劳动条件、减轻劳动强度、提高生产效率、节约原材料消耗及降低生产成本等很多方面都有着十分重要的意义。喷涂机器人的广泛应用正在日益改变着汽车的生产方式。

伴随着汽车工业制造技术的升级与革新，越来越多的汽车品牌开始关注汽车车身轻量化问题。通过车身轻量化工艺，提升汽车的操控性及运动性，降低能耗与废气排放，使得在竞争激烈的全球汽车消费市场中处于领先地位。

目前，"热融紧固"装配技术在欧美汽车制造业解决车身轻量化问题领域得到了广泛的认可及应用。该装配技术将会是未来国内绿色节能、轻量化汽车装配领域非常重要的解决方案之一。"热融紧固"装配技术应用到的工业机器人如图 1-3 所示。

图 1-2 喷涂机器人在汽车喷涂中的应用

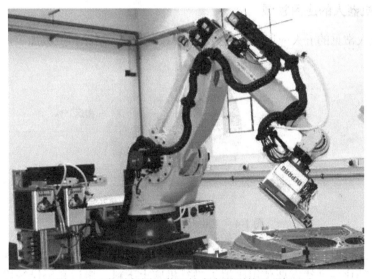

图 1-3 "热融紧固"装配技术应用到的工业机器人

2. 什么是工业机器人

工业机器人是面向工业领域的多关节机械手或多自由度的机器装置，它能自动执行工作，是靠自身动力和控制能力来实现各种功能的一种机器。它可以接受人类指挥，也可以按照预先编制的程序运行，现代的工业机器人还可以根据人工智能技术制定的原则纲领行动。工业机器人具有拟人化、可编程、通用型、应用技术广泛的特点。

我国国家标准 GB/112643—90 将工业机器人定义为：一种能自动定位控制、可重复编程的、多功能的、多自由度的操作机，能搬运材料、零件或操持工具，用以完成各种作业。而将操作机定义为：具有和人手臂相似的动作功能，可在空间抓放物体或进行其他操作的机械装置。

3. 机器人分类

对于机器人的分类，国际上没有统一的标准，可分别按照应用领域、用途、结构形式、自由度、负载及控制方式等标准进行分类。

按照应用领域的不同，目前我国的机器人主要有两种，即工业机器人和特种机器人。特种机器人是指除工业机器人外的、用于非制造业并服务于人类的各种先进机器人，包括服务机器人、水下机器人、娱乐机器人、军用机器人、农业机器人、机器人化机器等。在特种机器人中，有些分支发展得很快，有独立成体系的趋势，如服务机器人、水下机器人、军用机器人、医疗机器人等。

按用途机器人可分为焊接机器人、搬运机器人、喷漆机器人、涂胶机器人、装配机器人、码垛机器人、切割机器人、自动导引车（AGV）机器人和净室机器人等。

按结构形式机器人可分为直角坐标机器人、圆柱坐标机器人和关节型机器人三种，其中关节型工业机器人以 4～6 轴为主。

按照负载机器人可分为小型负载机器人（负载小于 20kg）、中型负载机器人（负载在20～100kg 之间）和大型负载机器人（负载大于 100kg）。

4. 工业机器人的应用领域

工业机器人常见的五大应用领域是搬运、焊接、装配、喷涂和机械加工，如图 1-4 所示。

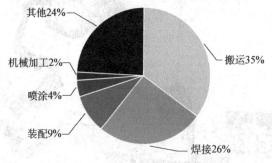

图 1-4　工业机器人的应用领域

（1）搬运：目前，搬运仍然是机器人的第一大应用领域，约占工业机器人应用的 40%左右。许多自动化生产线需要使用机器人进行机床上下料、搬运和码垛等操作。近年来，随着协作机器人的兴起，搬运机器人的市场份额一直呈增长态势。

（2）焊接：机器人焊接主要包括在汽车行业中使用的点焊和弧焊，虽然点焊机器人比弧焊机器人更受欢迎，但是弧焊机器人近年来发展势头十分迅猛。许多加工车间都逐步引入焊接机器人，用来实现自动化焊接作业。

（3）装配：装配机器人主要从事零部件的安装、拆卸及修复等工作。

（4）喷涂：主要指的是利用机器人完成涂装、点胶、喷漆等工作，只有 4% 的工业机器人从事喷涂的应用。

（5）机械加工：机械加工行业的机器人应用量并不高，只占了 2%，原因大概是因为市面上有许多自动化设备可以胜任机械加工的任务。机械加工机器人主要从事包括零件铸造、激光切割及水射流切割等工作。

1.1.2　FANUC 工业机器人介绍

FANUC（发那科公司）是全球多样化的 FA（工厂自动化）、机器人和智能机械的制造商。发那科公司自 1956 年成立以来，始终是全球计算机数控设备发展的先驱，在自动化领域贡献突出。20 世纪 70 年代，发那科公司成为世界上最大的专业数控系统生产厂家，占据了全球 70%的市场份额。从单台机器的自动化到整个生产线的自动化，FANUC 技术为全球制造业升级改造做出了重要贡献。2008 年，发那科公司成为全球首家突破 20 万台机器人的生产商，市场份额稳居第一。

FANUC 机器人产品系列多达 240 种，负重从 0.5kg 到 2300kg，广泛应用在装配、搬运、焊接、铸造、喷涂、码垛等不同生产环节，满足客户的不同需求。现有的 FANUC 机器人的型号如图 1-5 所示。

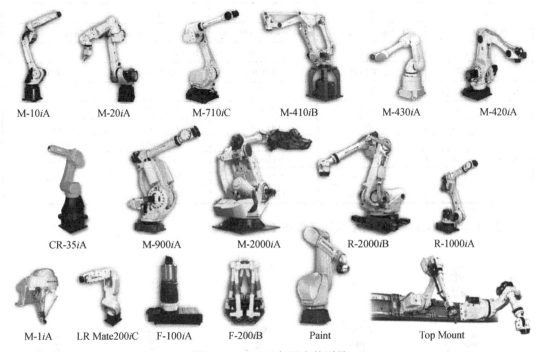

M-10*i*A M-20*i*A M-710*i*C M-410*i*B M-430*i*A M-420*i*A

CR-35*i*A M-900*i*A M-2000*i*A R-2000*i*B R-1000*i*A

M-1*i*A LR Mate200*i*C F-100*i*A F-200*i*B Paint Top Mount

图 1-5 FANUC 机器人的型号

下面就几款比较常见的 FANUC 机器人进行简单介绍。

（1）LR Mate 系列（如图 1-6 所示）

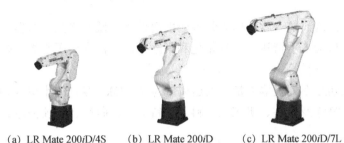

(a) LR Mate 200*i*D/4S (b) LR Mate 200*i*D (c) LR Mate 200*i*D/7L

图 1-6 LR Mate 系列机器人

该系列机器人比较典型的型号有 **LR Mate 200*i*D**，它是一款大小和人的手臂相近的迷你机器人。因为它的手臂很苗条，所以即使被安装在狭小的空间，也可以将机器人手臂与周围设备发生碰撞的可能性控制在最低限度。实际使用可以从标准型（可达半径为717mm）、短臂型（可达半径为550mm）、长臂型（可达半径为911mm）、洁净型、对应清洗的防水型、5轴高速型等机器人类型中，根据需要进行选择。该系列机器人可适用高温应用、测量检验、包装、分拣处理、搬运、填装、机床上下料、装配、修边、抛光、打磨、切割、焊接等工作领域。LR Mate 系列机器人参数见表1-1。

表1-1　LR Mate 系列机器人参数

参数		200iD	200iD/7L	200iD/4S	200iD/7H
手部负载（kg）		7	7	4	7
运动轴数		6	6	6	5
动作范围（X，Y）		（717mm，1274mm）	（911mm，1643mm）	（550mm，970mm）	（717mm，1274mm）
安装方式		地面、顶吊、倾斜角			
重复定位精度		±0.02mm	±0.03mm	±0.02mm	±0.02mm
机构部件质量（kg）		25	27	20	24
最大运动速度	J1	7.85rad/s	6.46 rad/s	8.03 rad/s	7.85rad/s
	J2	6.63 rad/s	5.41 rad/s	8.03 rad/s	6.63 rad/s
	J3	9.08 rad/s	7.16 rad/s	9.08 rad/s	9.08 rad/s
	J4	9.60 rad/s	9.60 rad/s	9.77rad/s	9.60 rad/s
	J5	9.51 rad/s	9.51 rad/s	9.77 rad/s	9.51 rad/s
	J6	17.45 rad/s	17.45 rad/s	15.71 rad/s	—

（2）R-0iA/M-10iA/M-20iA 系列（如图1-7所示）

(a) ARC Mate 0iB　(b) ARC Mate 100iC/12S　(c) ARC Mate 100iC/12　(d) ARC Mate 120iC　(e) M-20iB/25
　　　　　　　　　M-10iA/12S　　　　　　　　M-10iA/12　　　　　　　M-20iA

图1-7　R-0iA/M-10iA/M-20iA 系列机器人

R-0iB 系列机器人是一款专门为弧焊应用而设计的低价格弧焊机器人。在原有机器人的基础上实现了机器人手臂进一步轻量化和紧凑化，通常应用于点焊、弧焊、激光切割、火焰切割、机床上下料等。

M-10iA/M-20iA 系列机器人是可搬运质量为7～35kg级别的小型6轴搬运机器人，通常应用于装配、喷涂及涂装、机床上下料、材料加工、码垛、物流搬运、拾取及包装等工作领域。

（3）M-710iC 系列（如图1-8所示）

M-710iC 系列机器人是一款中型搬运机器人，可搬运的质量为12～70kg。该系列机器人具有动作范围广、手腕负载容量大、运动性能好、用途广泛的特点，应用于大型面板等工件的搬运，以及汽车车身的涂胶作业和电弧焊等领域。

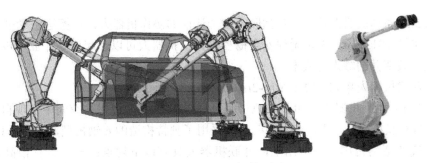

图 1-8　M-710*i*C 系列机器人

（4）R-1000*i*A/R-2000*i*B/R-2000*i*C 系列（如图 1-9 所示）

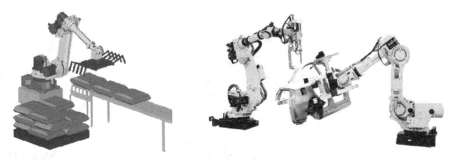

图 1-9　R-1000*i*A/R-2000*i*B/R-2000*i*C 系列机器人

R-1000*i*A 系列机器人是可搬运质量为 80～100kg 的中型高速机器人。它具有紧凑的结构和优越的动作性能，能够完成布局密集的搬运、点焊、码垛等多种作业。

R-2000*i*C 系列机器人凝聚了 FANUC 多年的经验及技术，是以高可靠性和优异的性价比见长的智能型机器人。该系列机器人可以进行点焊、搬运、组装等多种作业。

R-2000*i*B 系列机器人具有高可靠性和优异性价比，具有最新的智能化功能和网络功能，可以进行点焊、搬运、组装等多种作业。

（5）M-900*i*A/M-900*i*B 和 M-2000*i*A 系列

M-900*i*A/M-900*i*B 系列机器人是可搬运质量为 150～700kg 的重型智能机器人。M-2000*i*A 系列机器人是最大可搬运质量为 900～2300kg 的重负载搬运机器人。

（6）协作机器人

日前，FANUC 共生产了两款协作机器人：CR-35*i*A（如图 1-10 所示）和 CR-7*i*A。

图 1-10　CR-35*i*A 系列机器人

CR-35*i*A 系列机器人是全球首款取得安全认证的协作机器人，可搬运质量可达 35kg，运动半径可达 1813mm。因为无须安全栅栏，人与机器人可以一起进行作业，以提高制造现场的生产效率并削减人力成本。

（7）并联机器人系列（M-1*i*A/M-2*i*A/M-3*i*A）

M-1/2/3*i*A 系列机器人（如图 1-11 所示）具有柔性高、可以在空间中实现自由搬运的特点。作为并联机构机器人，该系列机器人采用了独特构造的 6 轴机型，扩大了其在物流、装配生产线的适用范围。在应用上，并联机器人具有以下优点：一，具有很高的柔性，在工作中不仅可以随意地变换物品的角度，更适用于整列、装配等多种作业；二，机器人手腕的电动机固定在杠杆臂上，这增加了第 4 轴及 4 至 6 轴的刚性，同时提高夹持时的精度。

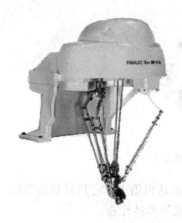

图 1-11　M-1/2/3*i*A 系列机器人

1.1.3　机器人选型原则

设计机器人工作站的第一个任务就是要正确选择一款机器人，只有机器人型号选择正确了，才可以根据它的具体参数完成其他外围设备的设计。选择机器人通常需查看的主要参数有：

- 手部负载能力；
- 运动轴数；
- 2 轴和 3 轴负载能力；
- 运动范围；
- 安装方式；
- 重复定位精度；
- 最大运动速度。

课程总结

本单元引导学习者认识机器人工作站及工作站各部分组成，并学习机器人工作站在工业生产中的应用，通过以上内容的认识和学习可使学习者对机器人操作与仿真课程有深刻的认识，为以后的学习打下基础。

思考与练习

一、填空

1. 工业机器人是面向_____领域的多关节_____或多自由度的机器装置，它能自动执行工作，是靠自身动力和控制能力来实现各种功能的一种机器。

2. 按结构形式来分，工业机器人可分为_____、_____和_____三种。

3. 工业机器人常见的五大应用领域：_____、_____、_____、_____、_____。

4. 发那科 LR Mate 200*i*D 系列机器人的安装方式：_____、_____、_____。

二、简答

工业机器人选型原则是什么？

单元 2

启动工业机器人

任务1 工业机器人安全操作规范认识

本任务课件

 学习目标

学习目标	学习目标分解	学习要求
知识目标	了解工业机器人的适用场合	了解
	熟知工业机器人作业人员的操作等级	熟练掌握
	熟知 FANUC 机器人的安全设备	熟练掌握
	熟知 FANUC 机器人停止的操作方法	熟练掌握
	了解 FANUC 机器人的操作流程	了解
技能目标	—	—

 课程导入

通过单元 1 我们已经认识了工业机器人，了解了它在工业领域的应用，接下来就可以进行工业机器人的操作了。但是在操作工业机器人之前，还必须了解工业机器人的安全操作规范。

 课程内容

2.1.1 工业机器人安全操作的注意事项

1. 工业机器人的工作环境

工业机器人属于特种设备，不是适用于任何场合，在以下场合下是不允许使用工业机器人的：

- 易燃的环境；
- 有爆炸可能的环境；
- 无线电干扰较强的环境；
- 水中或高湿度环境中；

- 以运输人或动物为目的的场所；
- 攀附任务；
- 其他与工业机器人生产厂家推荐的安装及使用不一致的条件下。

2. 操作注意事项

工业机器人不同于其他机械设备，它的运行轨迹是无法完全预测的，所以在进行工业机器人操作时，应时刻将"安全"放在第一位。为了安全，生产厂家在工业机器人设计之初，就要求使用人员安装安全装置、安全门和互锁装置，对于 FANUC 工业机器人，其控制柜还专门备有与互锁装置相连的接口。为了操作安全，也可根据各种安全标准自行设计安全系统。

在操作工业机器人时，根据不同作业人员的操作内容，可以将工业机器人的操作划分为现场操作员、编程人员和设备维护人员三个操作等级来限制用户的使用，三个操作等级的操作权限是不同的。

（1）现场操作员
- 打开或关闭控制柜电源；
- 从操作面板启动机器人程序。

（2）编程人员
- 操作机器人；
- 在安全栅栏内进行机器人的示教、外围设备的调试等。

（3）设备维护人员
- 操作机器人；
- 在安全栅栏内进行机器人的示教、外围设备的调试等；
- 进行维护（修理、调整、更换）作业。

对于工业机器人的初学者，不允许进入安全栅栏内作业。

另外，在进入工厂进行机器人的操作、编程、维护时，作业人员必须穿戴适合于作业内容的工作服、安全鞋、安全帽，以及跟作业内容与环境相关的必备安全装备（如防护眼镜、防毒面具等，如图 2-1 所示）。

图 2-1　安全防护

3．工业机器人的安全设备

（1）紧急按钮

当出现下列情况时，需立即按下急停按钮：

● 工业机器人运行中，工作区域有作业人员；

● 工业机器人伤害到作业人员或损伤了机器设备。

FANUC 工业机器人一般有两个急停按钮（如图 2-2 所示），一个位于示教器，一个位于控制柜，供用户使用；用户也可以根据工业机器人预留的急停信号添加外部急停。

图 2-2　FANUC 工业机器人急停按钮

（2）模式开关

模式开关位于工业机器人控制柜中，共有 AUTO、T1、T2 三个挡。T1、T2 挡属于手动示教挡位，工业机器人程序只能通过示教器来启动，安全栅栏信号在该模式下是无效的。在 T1 挡位时，工业机器人的运行速度被限制在 250mm/s 以内，而在 T2 挡位时可以以指定的最大速度运行。AUTO 挡属于自动运行挡位，该模式下操作面板和安全栅栏信号是有效的，可通过操作面板的启动按钮或外部 I/O 信号来启动工业机器人程序，工业机器人能以指定的最大速度运行。

（3）安全（Deadman）开关

工业机器人示教器上均安装有安全开关（如图 2-3 所示），最大程度地保护人员和机器设备的安全。安全开关共有三个挡位，在中间挡位时有效。当安全开关有效时，松开/握住安全开关时，工业机器人就会急停。当手动示教时，只有将安全开关置于中间挡位工业机器人才可以运动。

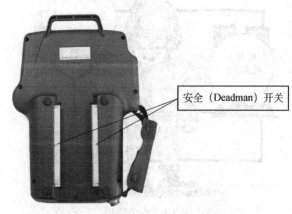

图 2-3　安全（Deadman）开关

（4）安全装置（如图 2-4 所示）

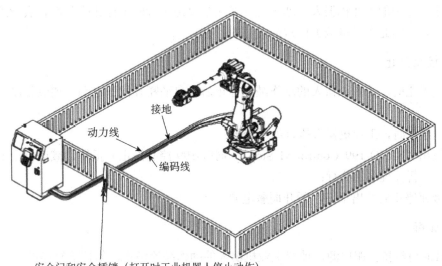

图 2-4　安全装置

安全装置包括：
- 安全栅栏（固定的防护装置）；
- 安全门（带互锁装置）；
- 安全插销和槽；
- 其他保护设备。

安全装置应做到：
- 必须能抵挡可预见的操作及冲击；
- 不能有尖锐的边缘和凸出物，不能是危险源；
- 不打开互锁设备就无法进入非安全区域；
- 永久地固定在一个地方，不易移动；
- 不妨碍查看生产过程；
- 在机器人最大运动范围之外留有足够的距离；
- 要接地。

2.1.2　工业机器人停止的方法

FANUC 工业机器人有 3 种停止方法，即断电停止、控制停止和保持。

1. 断电停止

通过断开伺服电源，使工业机器人的动作在一瞬间停止。按下急停按钮或手动模式下松开/握住安全开关均可以使工业机器人断电停止。工业机器人在运动时断开伺服电源，其减速动作的轨迹将得不到控制。

断电停止时，机器人执行如下处理：
- 发出报警后，断开伺服电源，工业机器人的动作在一瞬间停止；

● 暂停程序的执行。

对于动作中的工业机器人，通过急停按钮频繁地进行断电停止操作时，会导致工业机器人的故障，因此应尽量减少日常情况下的断电。

2. 控制停止

控制停止时，工业机器人的动作减速停止后，自动断开伺服电源，通过程序产生用户报警。

控制停止时，工业机器人执行如下处理：

● 发出"SRVO-199 Controlled Stop"（伺服-199 控制停止）报警，减速停止工业机器人的动作，暂停程序的执行；

● 减速停止后发出报警，断开伺服电源。

3. 保持

保持时可维持伺服电源，使得工业机器人的动作减速停止，如按下暂停键。

通过保持，执行如下处理：使机器人的动作减速停止，暂停程序的执行。

2.1.3 工业机器人操作流程

1. 手动控制

操作工业机器人前，务必确认安全栅栏内无人后才能进行，并检查是否存在潜在危险，若存在应先排除危险之后再进行操作。

操作时，不得戴着手套操作工业机器人操作面板和示教器，而且要定期备份工业机器人数据。

在安装工业机器人系统以后首次进行工业机器人操作时，应低速进行，然后逐渐加快速度并确认是否有异常。

2. 试运行和功能测试

工业机器人被安装或重新摆放或工业机器人系统更改后，必须做到以下几点：

① 指定限制区域；

② 人员限制，只有当安全设施起作用后，人员才能进入安全保护区内；

③ 通电前后做好安全和操作确认。

在通电前，应完成以下确认：

● 工业机器人已安装好且稳固；

● 电气连接正确，电源参数（如电压、频率、干涉水平等）在规定范围内；

● 其他设备连接正确，并在规范使用范围内；

● 外部设备连接正确；

● 限制区域内的极限装置（若配备）已安装好；

● 使用了安全保护措施；

● 物理环境符合要求（如光、噪声、温度、湿度、大气污染物等）。

通电后，完成以下确认：

- 开始、停止和模式选择后设备的功能正常；
- 工业机器人的各个轴的转动及极限正常；
- 工业机器人急停有效；
- 可以断开与外部电源的连接；
- 示教和启动设备的功能正常；
- 安全装置和互锁功能正常；
- 其他安全设备安装到位（如禁止、警告等装置）；
- 减速时工业机器人操作正常且能正常工作；
- 自动运行时，工业机器人操作正常且能在额定速度和额定负载下执行指定任务。

3. 编程

编程时，必须确保所有人员都在保护区外，若编程人员必须进入保护区内，则应按照以下要求进行操作和确认。

（1）编程前

- 编程人员必须接受过关于其所要操作的工业机器人的专业培训；
- 熟悉编程步骤及安全保护措施；
- 检查工业机器人系统和安全区域，确保不存在危险因素；
- 先测试示教器以确保能正常操作；
- 进入保护区前，消除所有的报警和错误；
- 进入保护区前，确保所有安全设施安装到位并且处于运行中；
- 进入保护区前，将运行模式从 AUTO 改为 T1（或 T2）。

（2）编程中，只有编程人员允许在保护区内，并且必须满足

- 工业机器人系统处于手动模式；
- 示教器运行正常；
- 工业机器人系统不得响应任何远程命令或会引起危险的命令；
- 保护区内所有可能引起危险的设备的运动必须由编程者唯一控制；
- 编程者要慎重操作，不得在工业机器人运动中产生互相干涉现象；
- 工业机器人系统的所有急停装置必须是起作用的。

自动运行前必须将被暂停的安全设施恢复至初始有效状态。

4. 程序确认

程序确认时所有人员都必须在保护区外面，若必须进入保护区，则应做到：

① 低速进行；

② 必须在全速状态下检查运动时，应满足以下几点。

- 模式开关置于 T2；
- 由保护区内的人员控制使能开关或急停按钮；
- 建立安全工作步骤来确保保护区内人员的安全。

5. 故障处理

故障处理尽可能在保护区外进行，非进入保护区不可时，必须满足：

- 负责故障处理的人员必须是相关的专家或接受过这方面培训的人员；
- 进入保护区内的人员必须且只能使用示教器控制机器人运动；
- 建立安全工作步骤以降低保护区内人员的危险。

6. 保存程序数据

- 系统安装/升级后，要做一次系统备份（IMG 备份）；
- 定期进行文件备份；
- 任何程序/文件被修改后，都要做好备份；
- 保存备份数据的设备要妥善存放。

7. 自动运行

只有满足以下条件才允许自动运行：

- 安全设施安装到位并且处于运行状态；
- 无人员在保护区内；
- 按照合适的安全工作步骤进行操作。

8. 维护

维护工业机器人时，应做到以下几点：
- 工业机器人或工业机器人系统的维护或维修人员必须接受过必要的培训；
- 要有必要的安全措施保护维护或维修人员；
- 应尽可能在断电状态下进行作业，并防止他人接通电源；
- 在必须带电作业时，应按下急停按钮后再作业；
- 须更换部件时，务必先阅读工业机器人维修说明书，并在理解操作步骤的基础上进行作业；
- 进入安全栅栏内之前，必须确认没有危险后才能进入；
- 若在有危险存在的情况下不得不进入安全栅栏内，则必须准确把握系统的状态，小心谨慎进入。

 ## 课程总结

　　随着工业机器人应用技术的推广，机器人伤人事件时有发生，反观此类事件，均是由工作人员操作不当所造成的。操作工业机器人应提高安全意识，树立安全观念，进行规范操作，这样才能避免工业机器人伤人事件的发生。在具体实践中，必须严格按照本任务所介绍的知识操作工业机器人。

 ## 思考与练习 2-1

一、填空

　　1. 在操作工业机器人时，系统会根据不同作业人员的操作内容，划分了三个操作等级来限制用户的使用，三个操作等级分别是：_____、_____和_____。

2. FANUC 工业机器人一般有两个急停按钮，一个位于_____，一个位于_____，供用户使用，用户也可以自己根据工业机器人预留的急停信号添加外部急停。

3. 模式开关位于机器人控制柜上，共有_____、_____、_____三种模式。

4. FANUC 工业机器人安全装置包括_____、_____、_____、_____。

5. FANUC 工业机器人停止方法有_____、_____和_____三种。

二、问答

1. 在操作工业机器人时操作等级有哪三种？它们各有什么样的权限？

2. 描述 FANUC 工业机器人三种工作模式的不同之处。

3. 描述 FANUC 工业机器人三种停止方式对应各执行什么样的处理。

任务 2　FANUC 工业机器人系统组成

本任务课件

 学习目标

学习目标	学习目标分解	学习要求
知识目标	熟知 FANUC 工业机器人系统的构成	熟练掌握
	了解 FANUC 工业机器人本体的机械结构系统	了解
	熟知 6 轴机器人 6 个轴的位置	熟练掌握
	熟知 FANUC 机器人的伺服电机的组成	熟练掌握
	熟知 FANUC 机器人控制柜的基本组成	熟练掌握
	了解 FANUC 机器人控制柜组成的功能	了解
	熟知 FANUC 机器人控制柜操作面板的组成及其功能	熟练掌握
技能目标	—	—

 课程导入

在操作 FANUC 工业机器人之前，首先应了解 FANUC 工业机器人的组成部分、每部分的功能，以及各组成部分如何配合来完成一个任务。

本任务的实施过程基于 FANUC 机器人教学工作站，通过观察 FANUC 机器人教学工作站运行过程，学习机器人系统组成及各部分功能。

课程内容

2.2.1　工业机器人系统组成

如图 2-5 所示为典型的工业机器人工作站，机器人部分的构成包括机器人本体和控制柜。其中，机器人本体的型号为 M-10*i*A，FANUC 公司所生产的机器人本体一般喷涂成黄色（协作机器人除外），以便识别；控制柜型号为 R-30*i*B，两者均属于 FANUC 公司的主流型号。

通过机器人工作站了解了工业机器人系统的组成，下面介绍工业机器人本体和机器人控制柜的构成和具体功能。

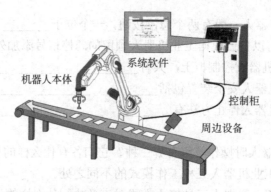

图 2-5   工业机器人工作站

2.2.2   工业机器人本体介绍

在图 2-5 所示的工业机器人工作站中，机器人本体"抓起"工件，像人的手一样将抓取的物体放到合适的位置。由此可见机器人本体是动作的执行机构，就像是人类的躯干，可以根据大脑的指令到达不同的位置，完成各种动作。

工业机器人本体由机械结构系统和驱动系统构成。

1. 机械结构系统

工业机器人的机械结构系统由机座、手臂、末端执行器三大部件组成，如图 2-6 所示。各个部分共同构成一个多自由度的机械系统。若机座具备行走机构便构成行走机器人；若机座不具备行走及腰转机构，则构成单机器人手臂。手臂一般由上臂、下臂和手腕组成。末端执行器是直接安装在手腕法兰盘（法兰盘就是工业机器人手腕单元的终端位置用于和外接的夹具进行连接的部分，如图 2-6 所示）平面上的重要部件，它可以是机械手爪、吸盘、焊枪等。M-10iA 机器人的机座有两个，即 $J1$ 轴机座和 $J2$ 轴机座，如图 2-6 所示。

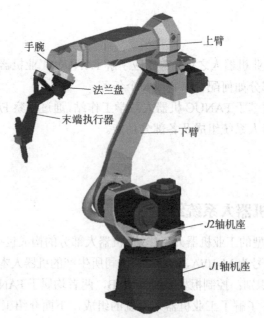

图 2-6   机械结构系统

机器人机座和手臂以及各个手臂的接合部位叫作轴杆或关节。FANUC M-10*i*A 属于 6 轴机器人，它最初的 3 轴（*J*1，*J*2，*J*3）称为基本轴，其他 3 轴（*J*4，*J*5，*J*6）称为手腕轴，通常手腕轴可对末端执行器进行操控，如扭转、上下摆动、左右摆动之类的动作，如图 2-7 所示。

图 2-7　机器人各轴

2. 驱动系统

要使机器人运行起来，需要给各个关节即每个运动自由度安装传动装置，这就是驱动系统。驱动系统可以是液压、气动或电动的，也可以是把它们结合起来应用的综合系统，还可以是直接驱动或通过同步带、链条、轮系、谐波齿轮等机械传动机构进行间接驱动。FANUC 工业机器人的驱动系统由伺服电机和减速器构成。

FANUC 工业机器人共有六个带有减速器的伺服电机，每个伺服电机带动一个关节，这些电机采用高速、高精度、高效率的 FANUC α*i* 系列电机，可以把机器人控制系统发出的运动指令转换为运动动作，相当于人的肌肉的作用。FANUC 工业机器人的伺服电机由绝对值脉冲编码器、交流伺服电机和抱闸单元三部分组成，如图 2-8 所示。

图 2-8　交流伺服电机的组成

由于伺服电机转速较快，机器人关节运动速度较慢，且需要较大的力矩，需要通过减速器来给关节轴传递力矩。机器人的减速器可以使伺服电机在一个合适的速度下运转，并精确地将转速降到工业机器人各部位需要的速度，提高机械结构刚性的同时输出更大的力矩。与通用减速器相比，机器人关节减速器要求具有传动链短、体积小、功率大、质量轻和易于控制等特点。大量应用在关节型机器人上的减速器主要有两类，即 RV 减速器和谐波减速器，如图 2-9 所示。RV 减速器放置在机座、下臂等重负载的位置；谐波减速器放置在上臂、手腕等位置。

(a) RV减速器　　　　　　　　　(b) 谐波减速器

图 2-9　机器人减速器

2.2.3　FANUC 工业机器人控制柜介绍

如果把机器人本体比作人体的躯干，那么机器人控制柜就是人体的大脑了。机器人控制柜的主要作用是，为整个工业机器人提供电源，连接机器人与示教器，将操作者的控制指令和编写的用于复杂控制的程序指令，转化为工业机器人本体的运行动作。

FANUC 工业机器人控制柜采用 32 位 CPU 控制和 64 位数字伺服驱动单元，同步控制 6 轴运动；支持离线编程技术；控制器内部结构相对集成化，这种集成方式具有结构简单、整机价格便宜且易维护保养等特点。FANUC 工业机器人控制柜可以通过计算、分析和编程来实现本体精准控制，从而使之完成一系列运动和特定的任务。

1. 控制柜组成

机器人控制柜主要由主板、伺服放大器、紧急停止单元、电源单元、示教器、操作面板、I/O 处理板、再生电阻器等组成，其电气连接图如图 2-10 所示。

控制柜主要部件的功能如下。

主板：主板上安装有微处理器、外围线路、存储器和操作面板控制线路。微处理器可控制伺服机构的定位、伺服放大器的电压、机器人程序运行等。

伺服放大器：对机器人伺服电机进行控制，包括电机制动控制、超行程检测、手制动等。

紧急停止单元：该单元控制着电磁接触器和伺服放大器的紧急停止，以实现机器人本体的紧急停止。

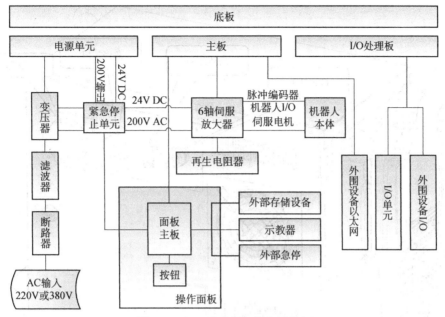

图 2-10　机器人控制柜电气连接图

电源单元：将交流电源转换成不同大小的直流电源。

示教器：用机器人本体的控制，机器人所有操作都是通过示教器完成的，示教器的屏幕可显示机器人的控制状态和数据。

操作面板：操作面板上安装有模式开关、启动开关、急停按钮。

I/O 处理板：FANUC 输入/输出单元，可以选择多种不同的输入/输出类型，可与外围进行数据交换。

再生电阻器：用于释放伺服电机的逆向电势。

2. 控制柜操作面板

操作面板上附带有几个按钮、开关、断路器等。R-30*i*B Mate 控制柜的操作面板如图 2-11 所示。可以通过操作面板配备的按钮，进行机器人启动、程序启动、控制模式选择等操作。

（1）模式开关

共有三种模式 AUTO、T1、T2，其中 T1、T2 挡属于手动示教挡位，在手动示教挡位下可以手动操作示教器控制机器人运动或启动机器人程序，通常用于调试机器人和试运行程序。T1 为低速挡位，机器人最大速度为 250mm/s，通常用在编写程序和设置机器人参数时使用；T2 为全速运行挡，机器人最大速度为 2000mm/s，可在该挡位下试运行程序；AUTO挡为自动挡位，在该挡位下可通过外部按键控制预先编写好的程序，如启动、暂停、选择程序等。

（2）启动开关

在 AUTO 挡位下，按下该开关可启动当前示教器里所选的程序，程序启动后，开关的指示灯被点亮。

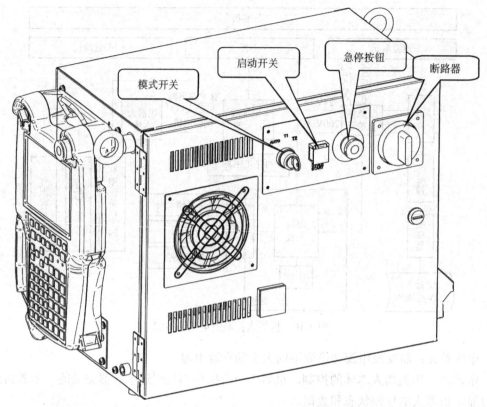

图 2-11　R-30*i*B Mate 控制柜操作面板

（3）急停按钮

按下此按钮可使机器人紧急停止，向右旋转急停按钮即可解除。其作用是在发生突发情况时，立即停止机器人动作，防止伤害或损失扩大。

（4）断路器

可控制机器人开关机，顺时针旋转至"ON"挡位可启动工业机器人，机器人操作完成后，需将断路器置于"OFF"挡位，关闭机器人。在在关机状态下，逆时针旋转断路器可打开机器人控制柜。

2.2.4　机器人系统运行控制认知

机器人本体和控制柜之间的连接电缆，有动力电缆、信号电缆和接地电缆，如图 2-12 所示。

动力电缆如同人的血液一般给机器人本体的伺服电机提供能量，起到供电作用；而信号电缆如同人的神经系统，把控制柜发出的指令转换成脉冲信号，控制伺服电机的速度和转动方向。

当操作者按下示教器上的运动键或运行在示教器中编写好的程序时，机器人控制柜 CPU 进行指令分析，把操作指令转变成电信号，控制机器人本体各个轴关节的运动，从而使末端执行器完成直线、曲线、旋转等动作。机器人功能的实现脱离不了控制柜和本体的配合，两者各司其职才能实现机器人的精准定位和速度控制。

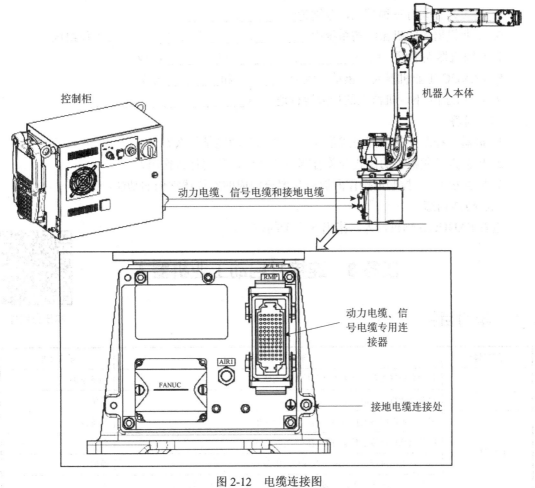

图 2-12　电缆连接图

 课程总结

在本任务中，通过学习可了解工业机器人由机器人本体和机器人控制柜两部分组成，本体是机器人工作站的主体，本体在外围设备的配合下实现一系列特定的动作功能，而本体的动作是通过控制柜发出的控制指令来完成的。可以通过控制柜上的示教器改变机器人姿势记录位置点、编写运动程序、配置机器人 I/O 信号、设置机器人轴的位置参数等对本体进行交互控制，使机器人按照我们的意愿完成各种工作。

思考与练习 2-2

一、填空

1. FANUC 工业机器人系统由_____和_____组成。

2. 6 轴机器人的 $J1$、$J2$、$J3$ 轴称为_____，$J4$、$J5$、$J6$ 轴称为_____。

3. FANUC 工业机器人的伺服电机由_____、_____和_____三部分组成。

4. 末端执行器是安装在_____上的。

5. 模式开关共有三种模式，分别为_____、_____、_____。

6. 工业机器人的机械结构系统由_____、_____、_____三大件组成。

7. 6轴机器人手臂一般由_____、_____和_____组成。

8. FANUC 工业机器人的驱动系统由_____和_____构成。

9. 在 T1 挡位下，机器人的最大运行速度为_____。

二、问答

1. 机器人控制柜的内部组成是什么？各部分功能是什么？

2. 机器人控制柜上的模式开关有哪三个挡位，各起什么作用？

3. R-30*i*B Mate 控制柜操作面板由几部分构成的？描述它们的功能。

三、技能训练

查看 FANUC 6 轴机器人，指出 6 个轴的位置。

任务 3   连接并启动工业机器人

本任务课件

 学习目标

学习目标	学习目标分解	学习要求
知识目标	认识并解释工业机器人本体及控制柜的铭牌	熟练掌握
	总览工业机器人所有配件	了解
技能目标	能够合理匹配并连接机器人的本体与控制柜	熟练操作
	能够熟练地连接示教器与控制柜	熟练操作
	能够熟练地进行电源匹配检查并接入电源	熟练操作
	在电源匹配的情况下，能够熟练地开机启动 M-10*i*A 工业机器人	熟练操作

 课程导入

学习 FANUC 工业机器人的相关知识的目标是熟练地操作工业机器人，其第一步就是开机。

本任务的实施过程基于 FANUC 机器人教学工作站，要求学习者能合理匹配并连接机器人的本体与控制柜（包括示教器），并连接外部电源启动 FANUC 工业机器人。

课程内容

2.3.1   工业机器人本体及控制柜的铭牌认知

1. 认识 FANUC 工业机器人本体的铭牌

M-10*i*A 工业机器人本体的铭牌如图 2-13 所示。通过该铭牌我们可以得知，机器人本体机型名称是 FANUC Robot M-10*i*A/12，其中 12 代表这款工业机器人本体的负重是 12kg。

本体铭牌中 TYPE 的规格编号是 A05B-1224-B202，同一类型的本体的规格编号应该是

一样的。

本体铭牌中的 NO.的某一个系列产品编号为 R15402619,相当于这个工业机器人本体的唯一的身份标识。

铭牌中其他的本体信息包括诸如本体质量是 130kg、出厂日期是 2015 年 4 月等。

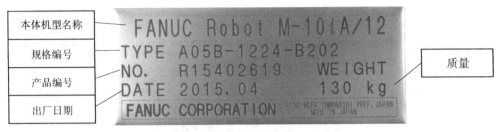

图 2-13　M-10iA 工业机器人本体的铭牌

2. 认识工业机器人控制柜的铭牌

R-30iB Mate 控制柜的铭牌如图 2-14 所示,这个标牌的最上面 M-10iA 是这个控制柜所对应的工业机器人本体的机型名称。

其中 FANUC SYSTEM R-30iB Mate 是该控制柜的机型名称。

其中铭牌中的规格编号 TYPE 信息是 A05B-2652-B031,同一个类型控制柜的规格编号应该是一样的。

控制柜铭牌中 SERIAL NO.是 E15334008,相当于该控制柜的唯一身份标识。

供电电压是 200~230V,电源相数是 3 相,电源频率为 50/60Hz,视在功率为 2.0kV·A,在连接输入电源之前,最重要的就是要通过控制柜铭牌了解输入电源的参数要求。

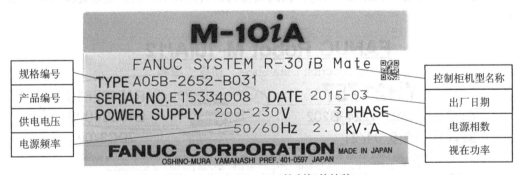

图 2-14　R-30iB Mate 控制柜的铭牌

2.3.2　工业机器人开机的总体步骤

通过铭牌了解了工业机器人的基本参数,接下来就可以进行工业机器人各部分连接并开机了。下面将介绍连接工业机器人的总体步骤,如图 2-15 所示。

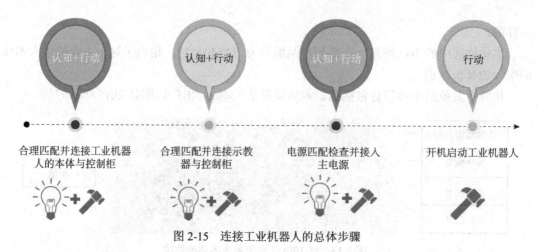

图 2-15　连接工业机器人的总体步骤

1. 匹配并连接工业机器人的本体与控制柜

1）合理匹配工业机器人的本体和控制柜

连接本体和控制柜之前需要解决的问题：连接工业机器人的本体和控制柜是设备连线的第一步，那么连接本体和控制柜之前，怎么知道工业机器人的本体与哪个控制柜相连呢？尤其是当有很多同一类型的设备放一起的时候，怎么知道它们的原配是哪个呢？

第一步：通过控制柜铭牌确定和控制柜匹配的本体类型。控制柜的铭牌标示了与它配套的本体是哪个机型名称，这样可以大体知道这个控制柜和哪个类型本体能够匹配。比如图 2-14 的铭牌中最上面明确地标示了与该控制柜匹配的本体的类型是 M-10*i*A。

第二步：根据设备检查单精确匹配控制柜和本体。如果希望详细地知道该款控制柜具体匹配的本体到底是哪个的话，首先应找到设备的检查成绩书，也就是设备检查单，如图 2-16 所示。

FANUC Robot M-10iA/12

Inspection Data Sheet　検査成績書

Order No. 製番	YH21757	Mecha. Unit Serial No. 機構部機番	R15402618
Specification 機構部仕様	A05B-1224-B202	Control Unit Serial No. 制御部機番	E15334008
Date of Test 検査年月日	2015/04/21	Edition of Softwaer ソフトウエア版数	7DC3/09

This Inspection Data Sheet describes the performance of the product,with corresponding serial number,inspected upon the in-house inspection tolerance,at the time of manufacture.

本検査成績書は、当社の検査許容値を基に検査した機番に該当する製品の出荷時における状態を示します。

顧客名 Customer

上海发那科国际贸易有限公司

图 2-16　设备检查单

设备检查单的右上角分别列出了控制柜和工业机器人本体的产品编号，这就是它们唯一的身份标识，也就是说设备检查单中列出的产品编号 R15402618（工业机器人本体编码）与编号为 E15334008（控制柜编码）所对应的控制柜和工业机器人本体是原配的。

2）连接本体和控制柜

找到了原配的本体和控制柜，之后用设备原配的动力电缆、信号电缆和接地电缆连接本体与控制柜即可，电缆连接图如图 2-17 所示。

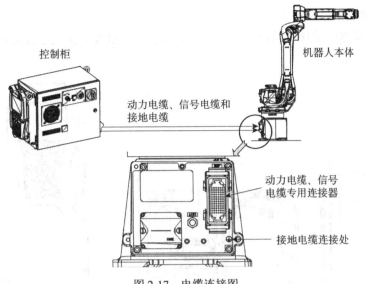

控制柜

机器人本体

动力电缆、信号电缆和
接地电缆

动力电缆、信号
电缆专用连接器

接地电缆连接处

图 2-17　电缆连接图

在连接电缆时应注意：

● 接通机器人本体和控制柜的电源之前，需要通过接地电缆连接本体和控制柜，如不连接接地电缆，则有触电危险；

● 在连接本体和控制柜电缆时，务必切断控制柜的总电源；

● 机器人连接电缆多余部分（10m 以上）不能缠绕成线圈，因为在这种情况下机器人工作时会使电缆温度上升，导致电缆屏蔽层的损坏。

2. 匹配并连接示教器与控制柜

1）合理匹配控制柜和示教器

连接好控制柜和本体之后，需要将示教器和控制柜连接在一起，那么首先的问题就是示教器和控制柜的匹配，也就是为控制柜找到原配的示教器。

根据设备检查单精确匹配控制柜和示教器。每个设备出厂的时候都有一个设备检查单，其第二页如图 2-18 所示。该页中明确标示了与该控制柜匹配的示教器型号，其中画线处为厂家配置的示教器，型号为 A05B-2255-H100#EMH，找到铭牌中与该型号相同的就是原配的示教器。

List of The Order Items　O.S. No. **YH21757**

Page I/ I
43 items

仕様：Specification	名称：Item	記号：Code	数量：Quantity
200-230V	Input power voltage 200-230V	#	1
A05B-1221-J401	J2 cover	D1	1
A05B-1221-J402	J4 cover	D1	1
A05B-1224-B202	M-10IA/12 MECHANICAL UNIT	D1	1
A05B-1224-H061	VERNIER MARK	D1	1
A05B-1224-H071	I BOLT	D1	1
A05B-1224-H102	M-10IA/12 NAME PLATE	D1	1
A05B-1224-H205	RI/O AS CAM, AIR MECHANICA	D1	1
A05B-1224-H310	J1 AXIS 340 DEG ROTATION(WI	D1	1
A05B-1224-H351	J2 CABLE COVER	D1	1
A05B-2255-H100#EMH	IPENDANT/ ENGLISH/ MATERI	Z1	1
A05B-2550-K062	Connector Kit(CRMA15)	Z1	1
A05B-2550-K063	Connector Kit(CRMA16)	Z1	1

图 2-18　设备检查单第二页

2）连接控制柜和示教器

示教器和控制柜的接线比较简单，只需要将示教器电缆的插头连接到示教器上即可，接线图如图 2-19 所示。

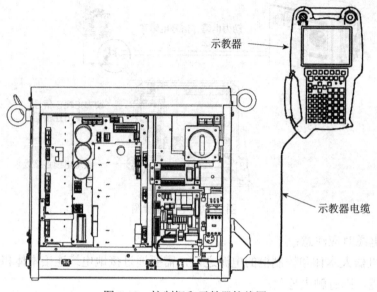

图 2-19　控制柜和示教器接线图

3. 匹配并接入主电源

1）电源匹配检查

接入电源的第一步是根据控制柜铭牌检查该工业机器人的设备配电要求。通过图 2-14 所示控制柜铭牌可以知道该款工业机器人 M10-*i*A 供电要求为 200V/60Hz 三相交流电，与国内的工业用电 380V/50Hz 三相交流电是不相符的，这是因为大部分 FANUC 工业机器人的生产地都是日本，那么该如何解决该电源匹配问题呢？解决办法就是通过变压器将国内比较常见的 380V 的三相交流电转换成 200V 三相交流电。选择一款容量为 3kV·A、输出电压为 200V 交流的变压器，如图 2-20 所示。

图 2-20　变压器样例图

2）连接工业机器人的控制柜和变压器

第一步：选择连接控制柜和变压器的电缆。根据铭牌可知，该款机器人控制柜输入电源为 200V/50Hz 三相交流电，同时铭牌中有 2kV·A 的功率信息，我们的目标就是通过这些信息来决定到底应该选择什么样的电缆。

在图 2-14 所示铭牌上看到的功率信息是视在功率，即视在功率为 2kV·A，电压为 200V，根据公式 $S=\sqrt{3}\times U\times I$，得到额定电流约为 5.8A（2kV·A/200V/1.732≈5.8A）。根据经验，1mm² 铜导线允许长期通过的最大电流 5～8A，可以选择至少 1mm² 规格的四芯（三个芯连接三相交流电，另一个芯连接地线）电缆作为输入电源电缆，如果提高点余量，可以选择 1.5mm² 的四芯电缆。

第二步：连接变压器和控制柜。用选好的电源电缆连接变压器和控制柜，首先用电缆连接好变压器的相应位置，另一端将变压器输出的电缆从控制柜右侧板进入内部，接入到断路器上部。接线时需要拆卸控制柜上盖板，将输入电缆安装于 M5 的 U 型端子处，分别接到断路器的 L1、L2、L3、PE 端，依次压到机器人断路器上，确认电源线牢固后，把上盖板安装好。

3）电缆的选择和连线注意事项

在配电经验不是很丰富的情况下，电缆的选择、变压器和控制柜的连线（如图 2-21 所示）都需要在经验丰富的电气工程师的指导下完成。

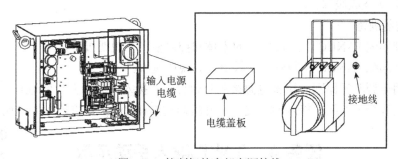

图 2-21　控制柜的内部电源接线

4. 开机启动工业机器人

在完成机器人各部分连接后，开启输入电源，然后直接打开断路器（机器人控制柜电源开关）即可启动工业机器人，几秒后，工业机器人示教器屏幕被点亮。

机器人启动后就可以运行机器人程序让机器人完成一系列动作了。

 课程总结

通过本任务的学习主要应了解机器人系统的铭牌信息，通过铭牌信息合理地给机器人匹配电源并熟练地连接 FANUC 工业机器人的各组成部分，最后启动机器人，行动步骤如下：

- 认识工业机器人本体及控制柜的铭牌；
- 合理匹配并连接机器人的本体与控制柜；
- 合理匹配并连接示教器与控制柜；

- 电源匹配检查并接入主电源；
- 开机启动 M-10*i*A 工业机器人。

 思考与练习 2-3

一、填空

机器人本体与控制柜之间的连接电缆，有_____、_____、_____。

二、问答

1. 控制柜和工业机器人本体如何匹配？

2. 示教器和控制柜如何匹配？

3. 如果 FANUC 工业机器人用电要求和实际的电源不匹配应该如何解决？

4. FANUC R-30*i*B Mate 控制柜的铭牌中的 FANUC SYSTEM R-30*i*B Mate、TYPE、SERIAL NO.分别是什么意思？

5. FANUC Robot M10-*ia*/12 本体的铭牌中的 FANUC Robot M10-ia/12、TYPE、NO.、WEIGHT 分别是什么意思？

三、判断

机器人的连接电缆在出厂时往往是有余量的，接线时为使现场整齐美观，把多余部分（10m 以上）缠绕成线圈。（　　　）

四、技能训练

1. 合理匹配 FANUC 工业机器人的本体和控制柜，并说明过程。

2. 合理匹配 FANUC 控制柜和示教器，并说明过程。

3. 说明电源匹配原则，检查电源接入是否合理，接入电源，并说明过程。

4. 在电源合理匹配并接入的前提下，开机启动 FANUC 工业机器人并说明过程。

任务 4　工业机器人手动示教

本任务课件

 学习目标

学习目标	学习目标分解	学习要求
知识目标	掌握手动示教工业机器人的步骤	熟练掌握
	了解机械手断裂报警产生的原因	了解
技能目标	能够熟练地清除机械手断裂报警	熟练操作
	能够熟练地清除安全开关已释放报警	熟练操作
	能够熟练地手动示教 FANUC 工业机器人	熟练操作

 课程导入

我们已经熟悉了 FANUC 工业机器人系统的构成，对机器人示教器有了一定的认识，现在就可以操作机器人了。

本任务的实施过程基于 FANUC 机器人教学工作站，要求学习者运用前面所学的知识简单操作 FANUC 工业机器人，完成一系统动作，通过机器人轴关节的运动，检查机器人的位置信息是否正确。

 课程内容

2.4.1　手动示教机器人的步骤

我们对机器人系统构成有一定的认识了，下面学习手动示教机器人的步骤，如图 2-22 所示。

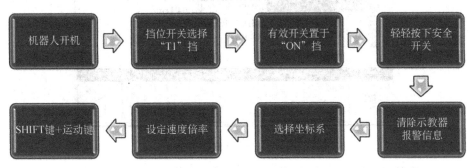

图 2-22　手动示教机器人的步骤

2.4.2　合理清除示教器报警信息

1. 清除机械手断裂报警

FANUC 工业机器人第一次开机，示教器上会有一个报警信息，提示"SRVO-006 机械手断裂"，如图 2-23 所示。这是因为"末端执行器断裂"这一配置默认是启用的，该配置是用于检测末端执行器是否由于剧烈碰撞而脱落，若启用，需连接机器人 I/O 信号，否则机器人会一直产生报警而无法运动。所以需要把"末端执行器断裂"设置成"禁用"。

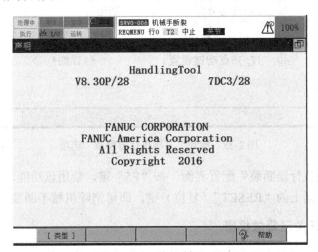

图 2-23　"机械手断裂"报警信息

清除机械手断裂报警，操作步骤如下：

（1）按"MENU"键显示功能菜单，选择"0--下页--"→"6 系统"→"5 配置"，如图 2-24 所示；

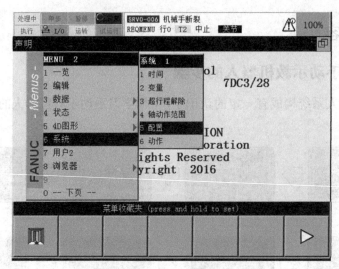

图 2-24　进入系统/配置

（2）在"系统/配置"界面找到"42　末端执行器断裂"，选择"<*组*>"，如图 2-25 所示；

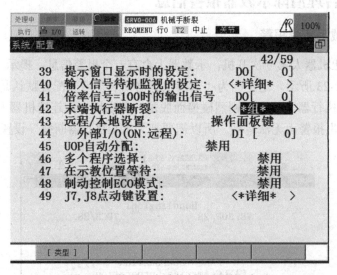

图 2-25　找到"末端执行器断裂"选项

（3）在"末端执行器断裂"配置界面，按"F5"键，禁用该功能，如图 2-26 所示；

（4）按下示教器上的"RESET"（复位）键，即可消除机械手断裂报警。

2. 清除安全开关已释放报警

手动示教机器人时需将机器人模式开关选择为手动模式，即 T1 或 T2 挡，同时示教器有效开关置于"ON"挡。此时示教器上会产生一个报警信息，提示"SRVO-003 安全开关已释放"，如图 2-27 所示。这是因为在手动模式下，示教器背部的有效开关未按下。

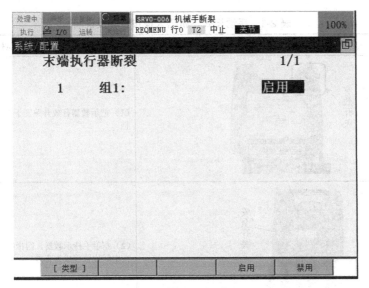

图 2-26　"末端执行器断裂"配置界面

图 2-27　安全开关已释放

清除安全开关已释放报警，操作方法为：手持示教器，按下示教器有效开关至中间位置并保持，再按下"RESET"（复位）键，即可清除报警。当松开安全开关时，"安全开关已释放"报警会产生，该状态下机器人是无运动的，但不影响其他操作。

2.4.3　示教机器人检查各关节运动并关机

任务要求：启动 FANUC 工业机器人，在手动模式下操作机器人，让机器人各关节转动回到零点位置（不能与外围设备有碰撞），通过按下示教器上的"POSN"（位置显示）键，查看各关节转动是否正确。

示教工业机器人的准备工作已经完成，下面就可以操作机器人进行运动了，操作步骤及说明见表 2-1。

表 2-1　手动模式下机器人操作步骤及说明

示教器界面或机器人形态	操作及说明
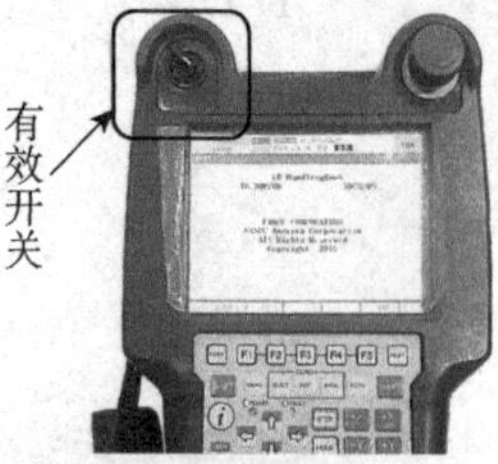 有效开关	（1）把示教器有效开关置于有效挡位，即"ON"挡
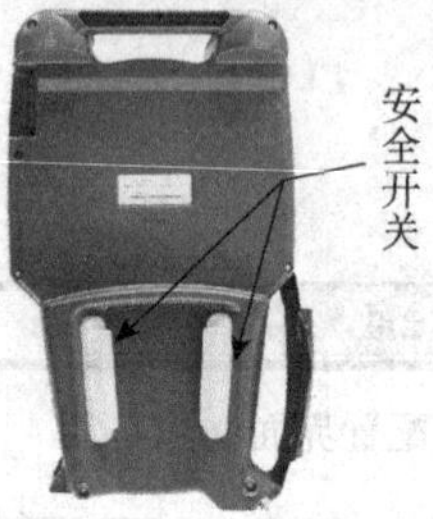 安全开关	（2）左手手持示教器，四指按下示教器安全开关，在中间位置就成为有效
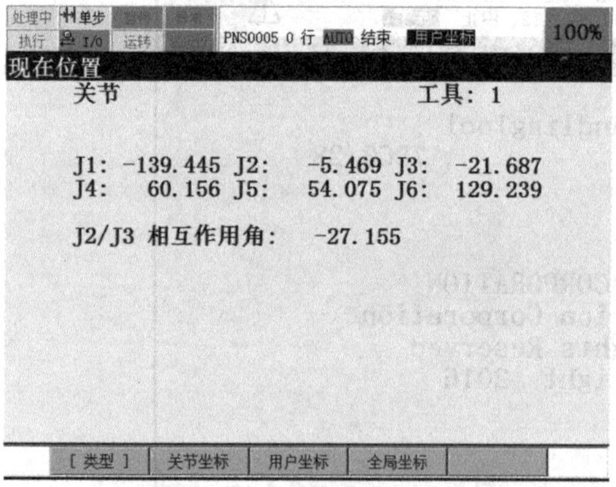	（3）按下"RESET"（复位）键，清除示教器屏幕上的异常。按下"POSN"（位置显示）键，查看各轴转动角度，若位置信息不是以关节坐标系的方式显示，按"F2"键则以关节坐标系方式显示
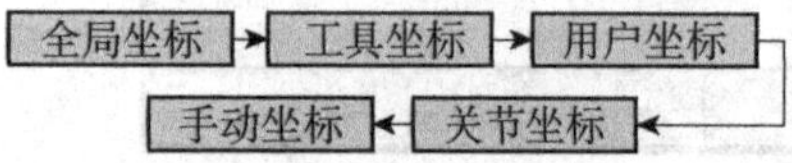	（4）按下"COORD"（手动进给坐标系）键，用来切换手动进给坐标系（JOG 的种类）。依次进行如左图所示切换并在示教器界面右上角以黄色背景显示，这里应选择"关节坐标"
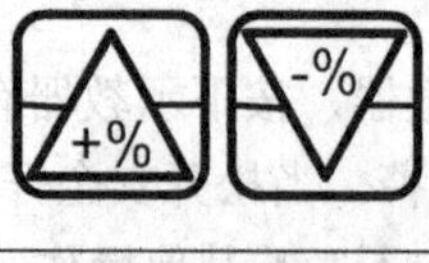	（5）按下倍率键，进行速度倍率的变更。依次进行如下切换："VFINE"（微速）→"FINE"（低速）→"1%"→"5%"→"50%"→"100%"（5%以下时以 1%为分度切换，5%以上时以 5%为分度切换）。这里速度倍率设定为"10%"
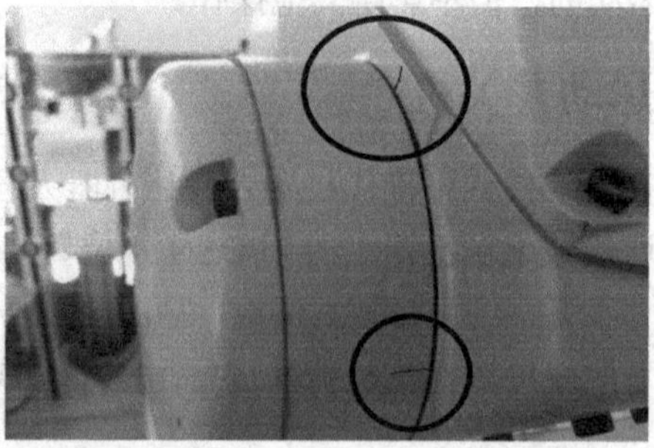	（6）查找机器人各轴的 0°刻度线，如左图所示，在每个轴所旋转的范围内均有两条 0°线，两线重合即为 0°状态

续表

示教器界面或机器人形态	操作及说明
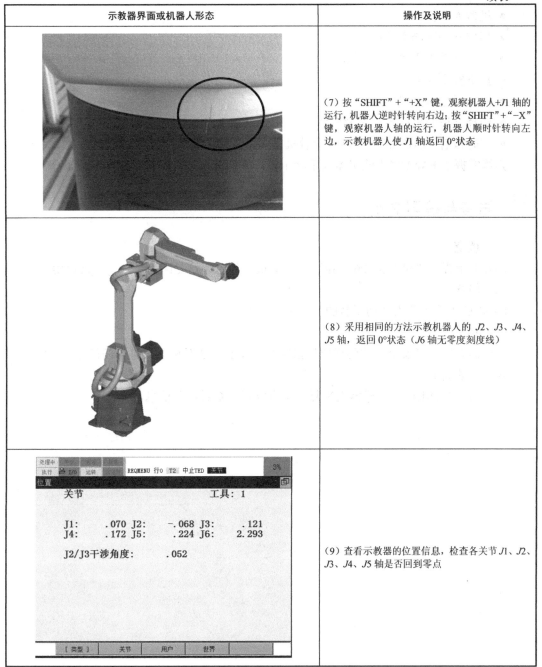	（7）按"SHIFT"＋"+X"键，观察机器人+J1 轴的运行，机器人逆时针转向右边；按"SHIFT"＋"−X"键，观察机器人轴的运行，机器人顺时针转向左边，示教机器人使 J1 轴返回 0°状态
	（8）采用相同的方法示教机器人的 J2、J3、J4、J5 轴，返回 0°状态（J6 轴无零度刻度线）
处理中 REQMENU 行0 T2 中止TED 关节 3% 执行 I/O 运转 位置 关节 工具：1 J1: .070 J2: −.068 J3: .121 J4: .172 J5: .224 J6: 2.293 J2/J3干涉角度： .052 [类型] 关节 用户 世界	（9）查看示教器的位置信息，检查各关节J1、J2、J3、J4、J5 轴是否回到零点

　　示教机器人完成后，把断路器置于"OFF"挡，关闭机器人，最后整理示教器的电缆线并把示教器放到控制柜挂钩上。

课程总结

　　本任务主要是学习了 FANUC 工业机器人的手动示教，机器人手动示教属于机器人操作的基础，需要熟练掌握。操作步骤如下：

- 机器人开机；
- 挡位开关选择手动挡；
- 有效开关置于"ON"挡；
- 按下安全开关；
- 清除示教器报警信息；
- 选择合适的坐标系和速度倍率；
- 同时按着"SHIFT"+运动键示教机器人。

熟练掌握了 FANUC 工业机器人手动示教，下面就可以对它进行系统配置了。

思考与练习 2-4

一、填空

示教器上提示"SRVO-006 机械手断裂"报警信息，这是因为_____被启用了。

二、问答

FANUC 工业机器人手动示教的步骤是什么？

三、判断

当机器人发生"安全开关已释放"报警时，我们无法对机器人进行任何操作。（　　　）

四、技能训练

手动示教 FANUC 工业机器人恢复到零点位置，查看位置信息。

单元 3

工业机器人系统配置

任务 1　工业机器人坐标系设置

本任务课件

 学习目标

学习目标	学习目标分解	学习要求
知识目标	熟知 FANUC 工业机器人坐标系的分类	熟练掌握
	了解 FANUC 工业机器人各坐标系的区别	了解
	熟知机器人 TCP 初始位置	熟练掌握
	熟知世界坐标系原点位置及坐标轴方向	熟练掌握
	掌握工具坐标系的设置方法	熟练掌握
	熟知三点示教法和六点示教法的区别	熟练掌握
	掌握用户坐标系的设置方法	熟练掌握
技能目标	能够合理选择坐标系操作机器人	熟练操作
	能够熟练设置并激活工具坐标系	熟练操作
	能够熟练设置并激活用户坐标系	熟练操作
	能够熟练地检验工具坐标系的设置是否正确	熟练操作
	能够熟练地检验用户坐标系的设置是否正确	熟练操作

课程导入

在掌握简单操作 FANUC 工业机器人的基础上，就可以进行机器人编程的学习了。但是在学习 FANUC 工业机器人编程之前，需要熟知 FANUC 工业机器人坐标系的分类、不同坐标系代表的意义及实际用途、创建工具坐标系和用户坐标系的方法。

本任务的实施过程基于 FANUC 机器人教学工作站，首先让学生了解机器人坐标系，学会选择合适的机器人坐标系，在此基础上熟练设置和激活工具坐标系和用户坐标系，并检验所设置的坐标系是否正确。

课程内容

3.1.1 FANUC 工业机器人坐标系认知

机器人坐标系是为确定机器人的位置和姿势而在机器人或空间上进行定义的位置指标系统。机器人坐标系可分为关节坐标系和直角坐标系两大类。

1. 关节坐标系

关节坐标系是设定机器人各关节转动角度的坐标系。关节坐标系中的机器人的位置和姿势，以各关节的底座侧的关节坐标系为基准而确定，即为每个轴相对原点位置的绝对角度。图 3-1 所示的为机器人关节坐标系。

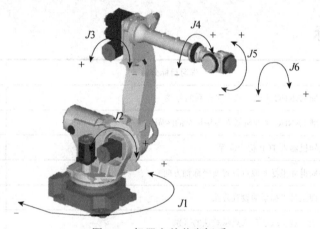

图 3-1　机器人关节坐标系

为了确定机器人各个关节的坐标值，在出厂时限定了零点位置。图 3-2 中的关节坐标系的关节值处于所有轴都为 0°的状态。

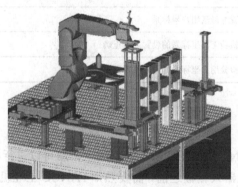

图 3-2　机器人零点状态

2. 直角坐标系

直角坐标系又称笛卡儿坐标系，通过（x，y，z，w，p，r）来反映机器人的位置和姿势。（x，y，z）是从空间上的直角坐标系原点到工具侧的直角坐标系原点（工具中心点）

的坐标值，（w，p，r）是空间上的直角坐标系相对 X 轴、Y 轴、Z 轴工具侧的直角坐标系的回转角，w，p，r 的含义如图3-3所示。

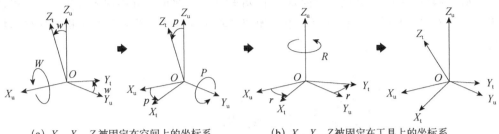

(a) X_u、Y_u、Z_u被固定在空间上的坐标系　　　(b) X_t、Y_t、Z_t被固定在工具上的坐标系

图 3-3　回转角 w、p、r 的含义

工业机器人直角坐标系坐标轴方向遵循右手定则，如图 3-4 所示，在已知两个坐标轴方向时，剩余的坐标轴方向是唯一的。回转角（w，p，r）遵循右手旋转定则，大拇指指向为旋转轴方向，四指旋转方向为回转角正方向。

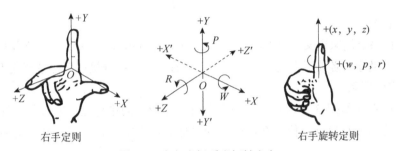

右手定则　　　　　　　　　　　　　　　　　　右手旋转定则

图 3-4　直角坐标系坐标轴方向

手动操作机器人时，需要根据用户设定的环境选择合适的直角坐标系。FANUC 机器人常用的直角坐标系有以下四个。

1）世界坐标系

世界坐标系又称为全局坐标系、通用坐标系和大地坐标系，是被固定在空间上的标准直角坐标系，它用于位置数据的示教和执行。通常，机器人的世界坐标系原点位置位于机器人底部的中心点，机器人正前方为 X 轴正方向，机器人左侧为 Y 轴正方向，竖直向上为 Z 轴正方向。用户坐标系基于世界坐标系而设定。世界/工具坐标系如图3-5所示。

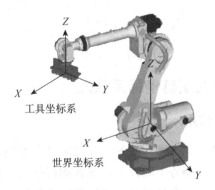

工具坐标系

世界坐标系

图 3-5　世界/工具坐标系

2）机械接口坐标系

机械接口坐标系是以机械接口（$J6$ 轴法兰盘平面）为参照系的坐标系，默认设置时其原点是机械接口的中心。Z 轴正方向垂直于 $J6$ 轴法兰盘平面，并指向末端执行器；机器人处于零点状态时，X 轴正方向竖直向上，如图 3-6 所示。工具坐标系基于机械接口坐标系而设定。

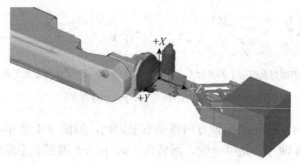

图 3-6　机械接口坐标系

3）工具坐标系

工具坐标系是用来定义工具中心点（Tool Center Point，简称 TCP）的位置和工具姿势的坐标系。工具坐标系必须事先进行设定。未定义时，将由机械接口坐标系替代工具坐标系。

4）用户坐标系

用户坐标系（如图 3-7 所示）是用户对每个作业空间进行定义的直角坐标系。它用于位置寄存器的示教和执行、位置补偿指令的执行等。未定义时，将由世界坐标系来替用户该坐标系。

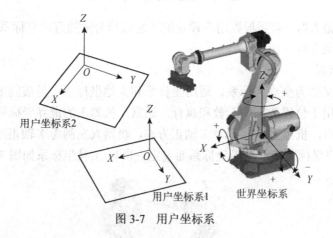

图 3-7　用户坐标系

3.1.2　工业机器人工具坐标系认知

1. 工具坐标系有什么作用

工业机器人是通过安装工具来操作对象，如给机器人安装焊枪去焊接汽车外壳，焊接时，焊点不同，焊枪的位置和姿势不断改变，那么如何描述工具在空间的位置和姿势呢？显然，方法就是在工具上定义一个坐标系，然后描述该坐标系的原点位置和其三个轴的姿势，这样共需要六个自由度或六条信息来完整地定义该物体的位置和姿势。

2. 机器人初始工具坐标系在哪里

上面所提到的坐标系就是工具坐标系，用于描述工具或末端执行器在空间的位置和姿势，工具坐标系原点简称 TCP（Tool Center Point）。无论是何种品牌的工业机器人，事先都定义了一个工具坐标系，无一例外地将坐标系 *XOY* 平面绑定在机器人第六轴的法兰盘平面上，坐标原点与法兰盘平面中心重合，该坐标系称为机械接口坐标系，如图 3-8 所示。

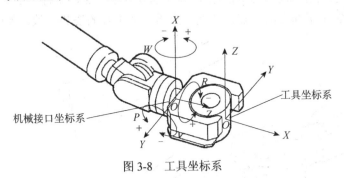

图 3-8　工具坐标系

3. 为什么要重新设定工具坐标系

虽然可以把机械接口坐标系用作工具坐标系，但是在实际使用时，用户显然希望自己来定义自己的 TCP 以更好地操作对象。例如焊接时，用户希望把 TCP 定义在焊丝的尖端，那么程序中记录的位置便是焊丝尖端的位置，记录的姿势便是焊枪围绕焊丝尖端转动的姿势。

4. 设置工具坐标系有什么方法

工具坐标系的设置方法有三种：三点示教法、六点示教法和直接输入法。

1）三点示教法

三点示教法可设定工具中心点的位置（工具坐标系的（*x*、*y*、*z*））。手动示教机器人，使机器人的末端执行器以三种不同的姿势趋近同一参考点，如图 3-9 所示，记录趋近时机器人的位置信息，由此，机器人 CPU 将会自动计算 TCP 的位置。在设定时，应尽量使三个趋近方向各不相同。

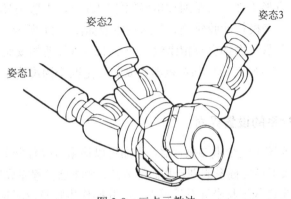

图 3-9　三点示教法

三点示教法中，只可以设定工具中心点位置（x，y，z），而工具姿势（w，p，r）默认为标准值（0，0，0）。在设定完 TCP 的位置后，可以采用六点示教法或直接输入法来定义工具姿势。

2）六点示教法

六点示教法既可设定工具中心点位置（x，y，z），也可设定工具姿势（w，p，r）。位置的设定方法与三点示教法相同，完成后可进行工具姿势的设定。工具姿势的设定也采用示教的方法，在世界坐标系下手动操作，分别示教方位原点、平行于工具坐标系 X 轴正方向上的一点和 XZ 正平面上的一点，所选三点需保证工具的姿势一致，如图 3-10 所示。

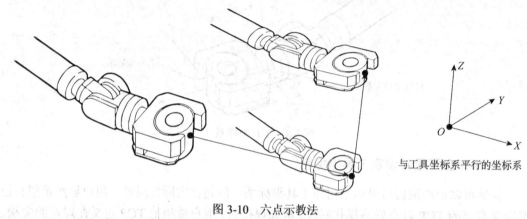

与工具坐标系平行的坐标系

图 3-10　六点示教法

3）直接输入法

采用直接输入法时，将直接输入工具末端相对于机械接口坐标系的位置坐标值（x，y，z）和回转角（w，p，r），该方法适用于对末端执行器尺寸和安装方式较为了解的情况。

3.1.3　设置并激活工具坐标系

1. 给机器人安装末端执行器

在学习创建工具坐标系和用户坐标系之前，首先要给机器人安装"一双手"，机器人的末端执行器就像是机器人的双手一样，可以配合机器人完成各种各样的动作。FANUC 工业机器人教学工作站的末端执行器采用多功能结构设计，可实现三种不同功能，一是通过电磁阀控制夹爪，夹取方形工件；二是通过电磁阀控制真空发生器来吸取表面平整的圆形工件；三是可夹持胶棒，来模拟涂胶轨迹。其结构组成如图 3-11 所示。

机器人第六轴法兰盘平面都会预留螺纹孔用于末端执行器的安装，可选择合适的螺丝将末端执行器安装好。FANUC M-10iA 机器人安装孔是四个深度为 12mm 的 M6 螺纹孔，呈圆周均布。

2. 显示工具坐标系的设置界面

上面已给机器人安装了一个末端执行器，下面将以该末端执行器上面的夹持胶棒为例演示 FANUC 工业机器人工具坐标系的创建和激活方法，请注意设置完成后机器人的 TCP 将会偏移到胶棒末端。首先进入工具坐标系设置界面，其操作步骤及说明见表 3-1。

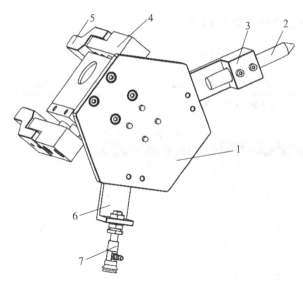

1—法兰盘；2—胶棒；3—多功能夹持器；4—气动平行夹；5—夹指；6—吸盘固定架；7—吸盘

图 3-11 机器人末端执行器结构组成

表 3-1 创建和激活工业机器人工具坐标系的操作步骤及说明

示教器界面或机器人形态	操作步骤及说明
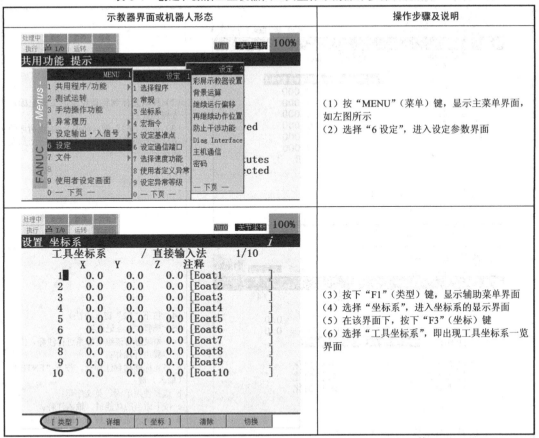	（1）按"MENU"（菜单）键，显示主菜单界面，如左图所示 （2）选择"6 设定"，进入设定参数界面
	（3）按下"F1"（类型）键，显示辅助菜单界面 （4）选择"坐标系"，进入坐标系的显示界面 （5）在该界面下，按下"F3"（坐标）键 （6）选择"工具坐标系"，即出现工具坐标系一览界面

说明：在进行反复操作时，完成第（2）步后，示教器界面有可能直接进入工具坐标系的设置界面，可灵活处理。

3. 用三点示教法设置工具坐标系

用三点示教法设置工具坐标系操作步骤及说明见表 3-2。

表 3-2　用三点示教法设置工具坐标系的操作步骤及说明

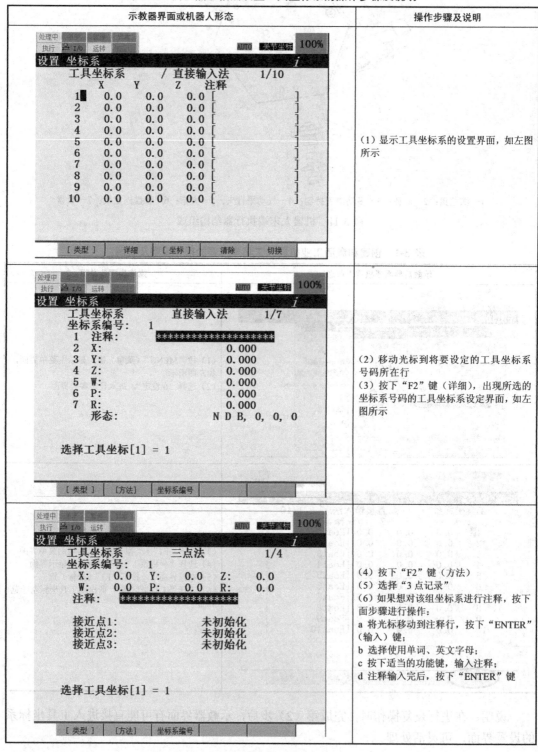

示教器界面或机器人形态	操作步骤及说明
（第一幅界面：设置 坐标系，工具坐标系／直接输入法，编号 1～10，X Y Z 注释均为 0.0）	（1）显示工具坐标系的设置界面，如左图所示
（第二幅界面：设置 坐标系，工具坐标系 直接输入法 1/7，坐标系编号：1，1 注释：，2 X：0.000，3 Y：0.000，4 Z：0.000，5 W：0.000，6 P：0.000，7 R：0.000，形态：N D B, 0, 0, 0，选择工具坐标[1] = 1）	（2）移动光标到将要设定的工具坐标系号码所在行 （3）按下"F2"键（详细），出现所选的坐标系号码的工具坐标系设定界面，如左图所示
（第三幅界面：设置 坐标系，工具坐标系 三点法 1/4，坐标系编号：1，X：0.0 Y：0.0 Z：0.0，W：0.0 P：0.0 R：0.0，注释：，接近点1：未初始化，接近点2：未初始化，接近点3：未初始化，选择工具坐标[1] = 1）	（4）按下"F2"键（方法） （5）选择"3 点记录" （6）如果想对该组坐标系进行注释，按下面步骤进行操作： a 将光标移动到注释行，按下"ENTER"（输入）键； b 选择使用单词、英文字母； c 按下适当的功能键，输入注释； d 注释输入完后，按下"ENTER"键

续表

示教器界面或机器人形态	操作步骤及说明
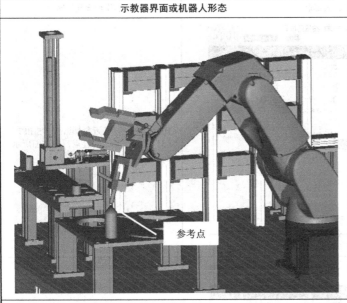 参考点	(7) 开始记录三个接近点，三点示教法的详细介绍见前文。通过"COORD"键切换到世界坐标系 WORLD，按"SHIFT"+运动示教键 X、Y、Z 等，以点动的方式示教机器人移动胶棒，使胶棒顶点靠近参考点，如左图所示。 说明：操作过程中一定要避免两点间有碰撞，否则会损坏机器人本体，两点间距离较近时，可以把机器人速度设置为 2%以下
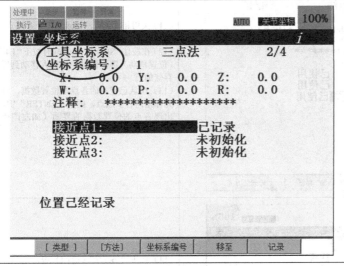	(8) 按下面步骤记录第一个参照点： a 将光标移动到"参照点1"； b 在按住"SHIFT"键的同时，按下"F5"（位置记录）键，将当前值的数据作为参照点输入，第一个参照点记录完成
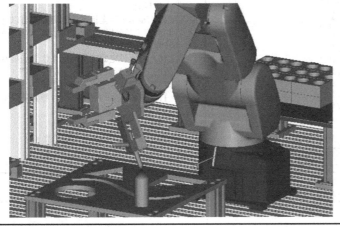	(9) 移动光标至第二接近点（参照点2），示教机器人使末端执行器移动到参考点的正上方 100mm 处（防止改变姿势时碰到参考点），在按住"SHIFT"键的同时按旋转示教键+X、−X、+Y、−Y 等，改变末端执行器的姿势，使姿势偏离大于 30°

45

续表

示教器界面或机器人形态	操作步骤及说明
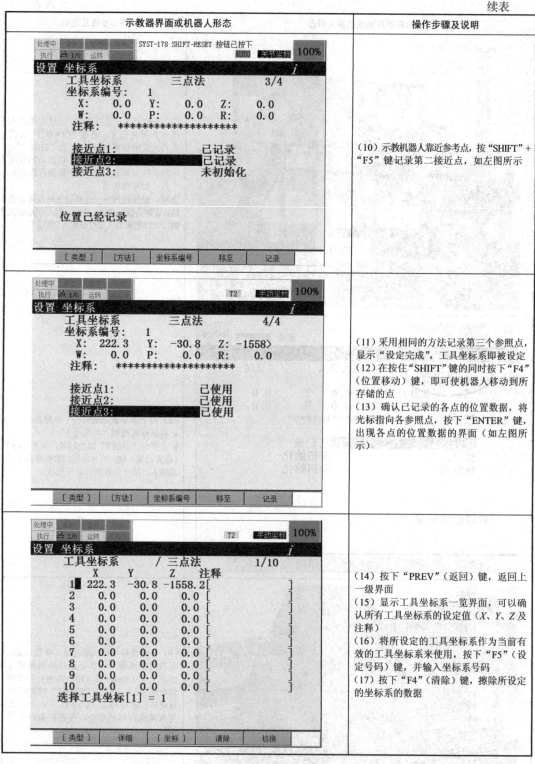	(10) 示教机器人靠近参考点，按 "SHIFT" + "F5" 键记录第二接近点，如左图所示
	(11) 采用相同的方法记录第三个参照点，显示 "设定完成"，工具坐标系即被设定 (12) 在按住 "SHIFT" 键的同时按下 "F4"（位置移动）键，即可使机器人移动到所存储的点 (13) 确认已记录的各点的位置数据，将光标指向各参照点，按下 "ENTER" 键，出现各点的位置数据的界面（如左图所示）
	(14) 按下 "PREV"（返回）键，返回上一级界面 (15) 显示工具坐标系一览界面，可以确认所有工具坐标系的设定值（X、Y、Z 及注释） (16) 将所设定的工具坐标系作为当前有效的工具坐标系来使用，按下 "F5"（设定号码）键，并输入坐标系号码 (17) 按下 "F4"（清除）键，擦除所设定的坐标系的数据

说明：机器人末端执行器的位置和姿势的改变均是在世界坐标系下完成的，在设置过程中不可随意切换坐标系。

4. 用六点示教法设置工具坐标系

六点示教法和三点示教法有很多相同之处，用六点示教法设置工具坐标系的操作步骤及说明见表 3-3。

表 3-3　用六点示教法设置工具坐标系的操作步骤及说明

示教器界面或机器人形态	操作步骤及说明
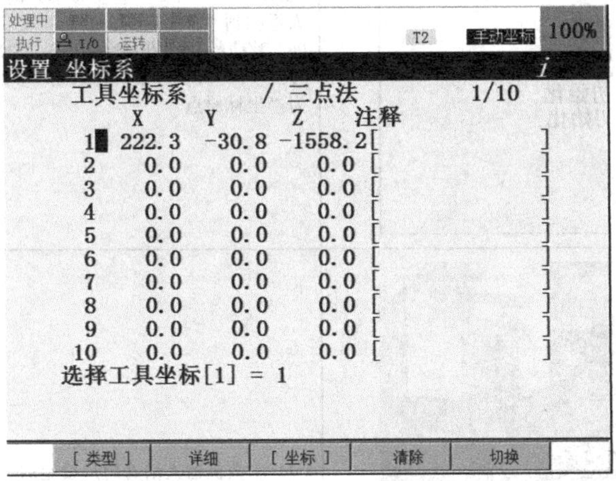	（1）切换示教器界面，显示工具坐标系的设置界面
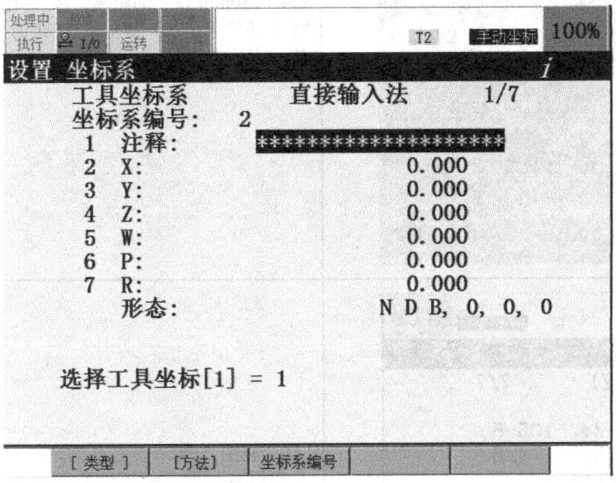	（2）将光标指向将要设定的工具坐标系号码所在行 （3）按下"F2"（详细）键，出现所选的坐标系号码的工具坐标系设定界面。以上的操作步骤和三点示教法相同
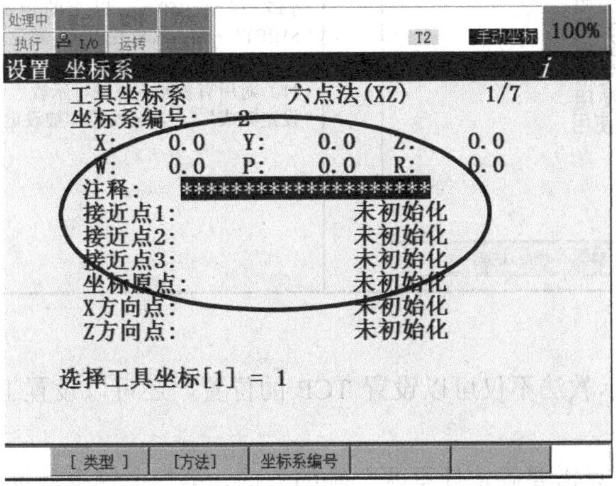	（4）按下"F2"（方法）键 （5）选择"6 点记录"。左图为基于六点示教法的工具坐标系设定界面 （6）注释的输入和参照点的示教与三点示教法相同，方法参照三点示教法

续表

示教器界面或机器人形态	操作步骤及说明
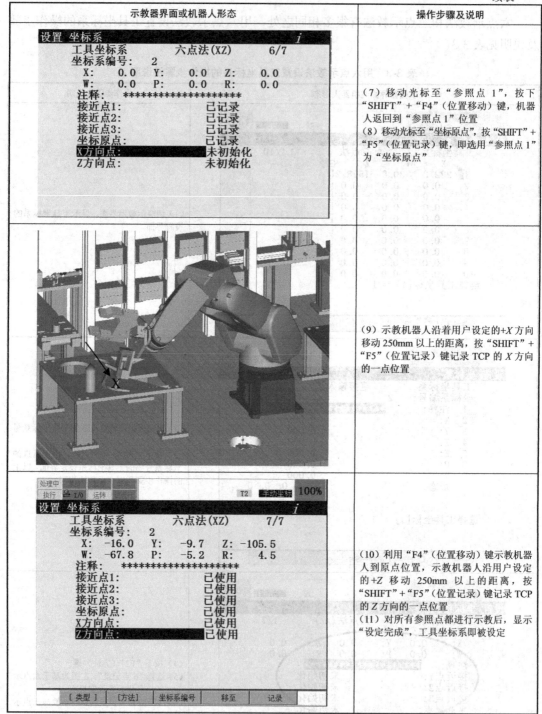 设置 坐标系　　　　　　　　　　i 工具坐标系　　　六点法(XZ)　　6/7 坐标系编号：　2 　X：　0.0　Y：　0.0　Z：　0.0 　W：　0.0　P：　0.0　R：　0.0 注释：　**************** 接近点1：　　　　　　已记录 接近点2：　　　　　　已记录 接近点3：　　　　　　已记录 坐标原点：　　　　　　已记录 X方向点：　　　　　　未初始化 Z方向点：　　　　　　未初始化	（7）移动光标至"参照点 1"，按下"SHIFT"＋"F4"（位置移动）键，机器人返回到"参照点 1"位置 （8）移动光标至"坐标原点"，按"SHIFT"＋"F5"（位置记录）键，即选用"参照点 1"为"坐标原点"
	（9）示教机器人沿着用户设定的+X方向移动 250mm 以上的距离，按"SHIFT"＋"F5"（位置记录）键记录 TCP 的 X 方向的一点位置
处理中 执行 I/O 运转　　　　　　T2 手动坐标 100% 设置 坐标系　　　　　　　　　i 工具坐标系　　　六点法(XZ)　　7/7 坐标系编号：　2 　X：-16.0　Y：-9.7　Z：-105.5 　W：-67.8　P：-5.2　R：4.5 注释：　**************** 接近点1：　　　　　　已使用 接近点2：　　　　　　已使用 接近点3：　　　　　　已使用 坐标原点：　　　　　　已使用 X方向点：　　　　　　已使用 Z方向点：　　　　　　已使用 ［类型］　［方法］　坐标系编号　移至　记录	（10）利用"F4"（位置移动）键示教机器人到原点位置，示教机器人沿用户设定的 +Z 移动 250mm 以上的距离，按"SHIFT"＋"F5"（位置记录）键记录 TCP 的 Z 方向的一点位置 （11）对所有参照点都进行示教后，显示"设定完成"，工具坐标系即被设定

说明：

（1）通过操作可以看到，六点示教法不仅可以设置 TCP 的位置，还可以设置工具的姿势；

（2）工具坐标系遵循右手定则，只需要确定任意两个轴的方向，第三个轴也就得到了。

5. 用直接输入法设置工具坐标系

可以采用直接输入法设置工具坐标系，把确定好的 x、y、z、w、p、r 值输入到示教器里即可，具体操作步骤及说明见表 3-4。

表 3-4　用直接输入法设置工具坐标系的操作步骤及说明

示教器界面或机器人形态	操作步骤及说明
处理中　执行　I/O　运转　T2　手动操纵　100% 设置　坐标系　　　　　　　　　　　　　i 工具坐标系　　/ 六点法(XZ)　　2/10 　　　　X　　　Y　　　Z　　注释 1　222.3　-30.8　-1558.2 [　　　　] 2　-16.0　-9.7　-105.5 [　　　　] 3　0.0　0.0　0.0 [　　　　] 4　0.0　0.0　0.0 [　　　　] 5　0.0　0.0　0.0 [　　　　] 6　0.0　0.0　0.0 [　　　　] 7　0.0　0.0　0.0 [　　　　] 8　0.0　0.0　0.0 [　　　　] 9　0.0　0.0　0.0 [　　　　] 10　0.0　0.0　0.0 [　　　　] 选择工具坐标[1] = 1 [类型]　详细　[坐标]　清除　切换	(1) 显示工具坐标系一览界面
处理中　执行　I/O　运转　T2　手动操纵　100% 设置　坐标系　　　　　　　　　　　　　i 工具坐标系　　直接输入法　　1/7 坐标系编号:　3 1　注释:　**************** 2　X:　　　　　　　0.000 3　Y:　　　　　　　0.000 4　Z:　　　　　　　0.000 5　W:　　　　　　　0.000 6　P:　　　　　　　0.000 7　R:　　　　　　　0.000 　形态:　　　N D B, 0, 0, 0 选择工具坐标[1] = 1 [类型]　[方法]　坐标系编号	(2) 将光标指向工具坐标系编号 (3) 按下"F2"（详细）键，或者按下"ENTER"（输入）键，出现所选的工具坐标系编号的工具坐标系设定界面 (4) 按下"F2"（方法）键 (5) 选择"直接数值输入"，出现基于直接输入法的工具坐标系设定界面
处理中　执行　I/O　运转　T2　手动操纵　100% 设置　坐标系　　　　　　　　　　　　　i 工具坐标系　　直接输入法　　5/7 坐标系编号:　3 1　注释:　**************** 2　X:　　　　　　　0.000 3　Y:　　　　　　　0.000 4　Z:　　　　　350.000 5　W:　　　　　180.000 6　P:　　　　　　　0.000 7　R:　　　　　　　0.000 　形态:　　　N D B, 0, 0, 0 [类型]　[方法]　坐标系编号	(6) 输入工具坐标系的坐标值 a 将光标移动到各条目 b 通过数值键设定新的数值 c 按下"ENTER"键，输入新的数值

续表

示教器界面或机器人形态	操作步骤及说明
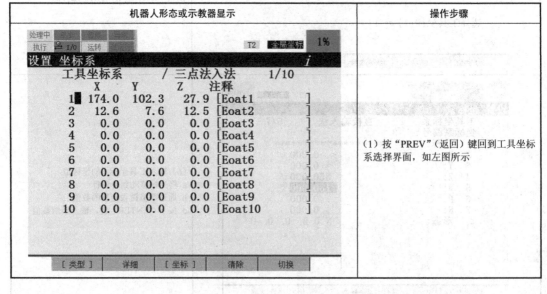	（7）按下"PREV"（返回）键，显示工具坐标系一览界面，可以确认所有工具坐标系的设定值 （8）将所设定的工具坐标系作为当前有效的工具坐标系来使用，按下"F5"（设定编号）键并输入坐标系编号

说明：

（1）若不按下"F5"（设定编号）键，所设定的坐标系就不会有效。

（2）坐标系设置完成后需要备份到外部存储装置中，以防数据丢失。

6. 激活所设定的工具坐标系

在机器人系统中，可以设定多组工具坐标系，当示教编程时，首先选择合适工具坐标系并激活，也就是告诉机器人要用什么样的工具；否则，会因选用不正确的工具坐标系，而对机器人本体造成损害。激活所设定的工具坐标系的方法有以下两种。

方法一：见表 3-5。

表 3-5　激活所设定的工具坐标系的操作步骤（方法一）

机器人形态或示教器显示	操作步骤
设置 坐标系　　　　　　　　　　　i 工具坐标系　　／ 三点法入法　　1/10 　　　　X　　　Y　　　Z　　注释 　1　174.0　102.3　 27.9 [Eoat1　] 　2　 12.6　　7.6　 12.5 [Eoat2　] 　3　　0.0　　0.0　　0.0 [Eoat3　] 　4　　0.0　　0.0　　0.0 [Eoat4　] 　5　　0.0　　0.0　　0.0 [Eoat5　] 　6　　0.0　　0.0　　0.0 [Eoat6　] 　7　　0.0　　0.0　　0.0 [Eoat7　] 　8　　0.0　　0.0　　0.0 [Eoat8　] 　9　　0.0　　0.0　　0.0 [Eoat9　] 　10　　0.0　　0.0　　0.0 [Eoat10] 　[类型]　详细　[坐标]　清除　切换	（1）按"PREV"（返回）键回到工具坐标系选择界面，如左图所示

续表

机器人形态或示教器显示	操作步骤
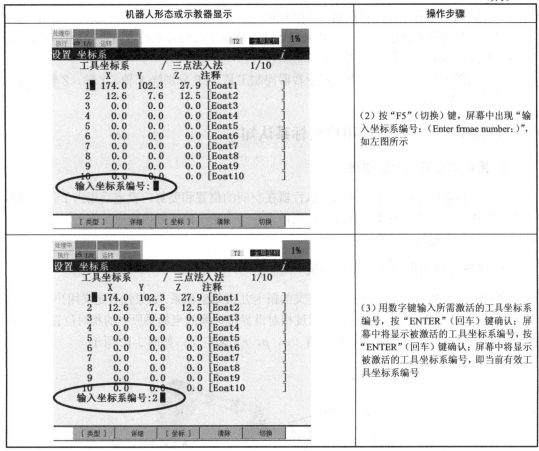	（2）按"F5"（切换）键，屏幕中出现"输入坐标系编号：（Enter frmae number：）"，如左图所示
	（3）用数字键输入所需激活的工具坐标系编号，按"ENTER"（回车）键确认；屏幕中将显示被激活的工具坐标系编号，按"ENTER"（回车）键确认；屏幕中将显示被激活的工具坐标系编号，即当前有效工具坐标系编号

方法二：见表3-6。

表3-6　激活所设定的工具坐标系的操作步骤（方法二）

机器人形态或示教器显示	操作步骤
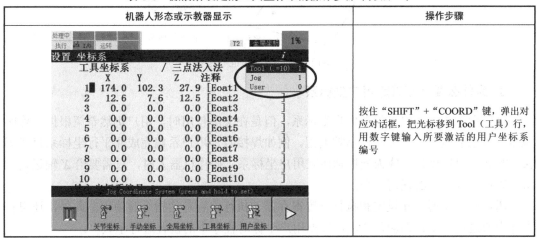	按住"SHIFT"＋"COORD"键，弹出对应对话框，把光标移到 Tool（工具）行，用数字键输入所要激活的用户坐标系编号

7. 检测工具坐标系

工具坐标系设置完成后需要进行简单检验，看看所设置的工具坐标系是否正确，检验

51

方法如下所示：

（1）将机器人的示教坐标系通过"COORD"键切换成工具坐标系；

（2）示教机器人分别沿 X、Y、Z 方向运动，检查工具坐标系的方向设定是否有偏差，若偏差不符合要求，重复以上所有步骤重新设置；

（3）在选定的工具坐标系下，用示教器控制工具 TCP 分别绕 X 轴、Y 轴、Z 轴旋转观察 TCP 位置是否偏离。

3.1.4 工业机器人用户坐标系认知

1. 用户坐标系有什么作用

工具坐标系用于描述工具或末端执行器在空间的位置和姿势，设定后相当于告诉机器人所选用的工具，工具有了，就可以让机器人在一个指定的区域内完成工作了，这个指定区域就是通常所说的用户坐标系。

2. 机器人初始用户坐标系在哪里

用户坐标系是用户为每个工作区定义的笛卡儿直角坐标系。如果没有定义用户坐标系，用世界坐标系代替它。用户坐标系是通过相对世界坐标系的坐标系原点的相对位置（x，y，z）和绕 X 轴、Y 轴、Z 轴旋转的回转角（w，p，r）来定义，如图 3-12 所示。

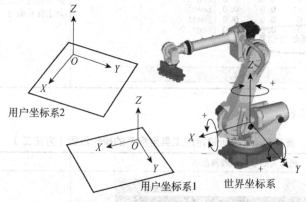

图 3-12 用户坐标与世界坐标

3. 为什么要重新设定用户坐标系

虽然世界坐标系可以代替用户坐标系，但是在实际使用时，用户仍然希望根据工作区域定义自己的坐标系来更好地示教编程。例如焊接时，用户希望完成非平行坐标系直线焊接，那么就可以以该直线为坐标轴建立用户坐标系，操作机器人时，只需要沿 X 轴运动，就可以得到焊缝上的任何一个点。

用户坐标系通常在设定和执行位置寄存器、执行位置补偿指令时使用。此外，还可在程序中通过用户坐标系输入选项，根据用户坐标对程序中的位置进行示教。

4. 设置用户坐标系有什么方法

用户坐标系的设置方法有三种：三点示教法、四点示教法和直接输入法。

1）三点示教法

三点指的是坐标系的原点、X 轴正方向上的一个点和 XOY 平面上的一个点，通过对这三个点进行示教，可确定用户坐标系，坐标值由机器人控制柜 CPU 自动生成，如图 3-13 所示。

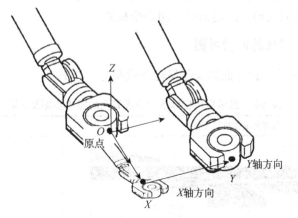

图 3-13　三点示教法

2）四点示教法

四点指的是平行于 X 轴一线段的始点、X 轴正方向的一个点、XOY 平面上的一个点和坐标系的原点，通过对这四个点进行示教，可确定用户坐标，坐标值由机器人 CPU 自动生成，如图 3-14 所示。

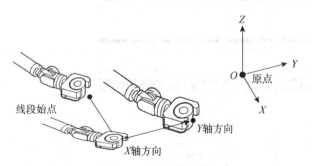

图 3-14　四点示教法

3）直接输入法

直接示输入法指的是直接输入相对于世界坐标系的用户坐标系原点的相对位置（x，y，z）和绕世界坐标系 X 轴、Y 轴、Z 轴旋转的回转角（w，p，r）的值，如图 3-15 所示。

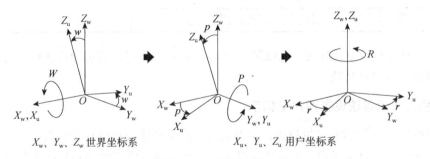

X_w、Y_w、Z_w 世界坐标系　　　　X_u、Y_u、Z_u 用户坐标系

图 3-15　直接示教法

3.1.5 设置并激活用户坐标系

本操作要求学习者完成一个用户坐标系的创建。首先应先确定要建立的用户坐标系的 *XOY* 平面，并在该平面上选定一个坐标系原点，然后根据实际的工作需要在该平面上选定 *X* 方向延伸点、*Y* 方向延伸点，进而确立用户坐标系。

1. 显示用户坐标系的设置界面

显示用户坐标系的设置界面的操作步骤及说明见表 3-7。

表 3-7　显示用户坐标系的设置界面的操作步骤及说明

示教器界面或机器人形态	操作步骤及说明
	（1）按"MENU"菜单键，显示界面选择菜单 （2）选择"6 设定"
	（3）按下"F1"（类型）键，显示出界面切换菜单 （4）选择"坐标系" （5）按下"F3"（坐标）键 （6）选择"用户坐标系"，出现用户坐标系一览界面

说明：在进行反复操作时，完成第（2）步后，示教器界面有可能直接进入用户坐标系的设置界面，可灵活处理。

2. 用三点示教法设置用户坐标系

当所确定的 *X* 轴方向经过原点，可以采用三点示教法设置用户坐标系；不经过时，则采用四点示教法。这里采用三点示教法设置用户坐标系，常用的用户坐标系设置还有四点示教法和直接输入法，在这里不做说明，可以参照《FANUC 机器人 R-30*i*B 操作说明书（中文）》自行学习。

用三点示教法设置用户坐标系的操作步骤及说明见表 3-8。

表 3-8　用三点示教法设置用户坐标系的操作步骤及说明

示教器界面或机器人形态	操作步骤及说明
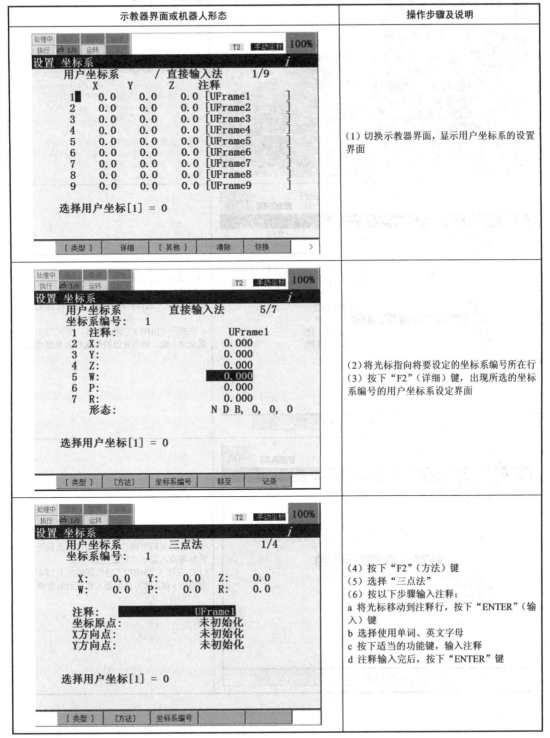	（1）切换示教器界面，显示用户坐标系的设置界面
	（2）将光标指向将要设定的坐标系编号所在行 （3）按下"F2"（详细）键，出现所选的坐标系编号的用户坐标系设定界面
	（4）按下"F2"（方法）键 （5）选择"三点法" （6）按以下步骤输入注释： a 将光标移动到注释行，按下"ENTER"（输入）键 b 选择使用单词、英文字母 c 按下适当的功能键，输入注释 d 注释输入完后，按下"ENTER"键

55

示教器界面或机器人形态	操作步骤及说明
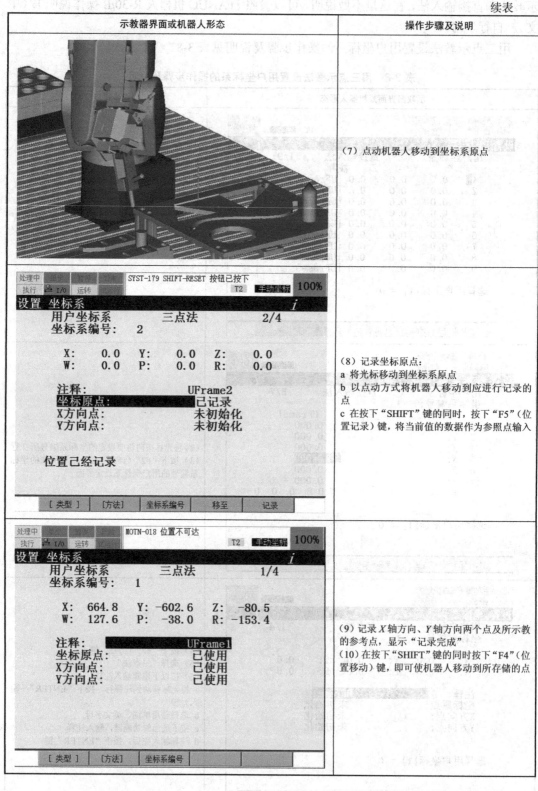	（7）点动机器人移动到坐标系原点
SYST-179 SHIFT-RESET 按钮已按下 处理中 暂停 T2 手动坐标 100% 执行 I/O 运转 **设置 坐标系** *i* 用户坐标系　　　三点法　　　　2/4 坐标系编号：　2 　　X:　0.0　Y:　0.0　Z:　0.0 　　W:　0.0　P:　0.0　R:　0.0 　　注释：　　　　　　　　UFrame2 　　坐标原点：　　　　　　已记录 　　X方向点：　　　　　　未初始化 　　Y方向点：　　　　　　未初始化 　　位置已经记录 [类型]　[方法]　坐标系编号　移至　记录	（8）记录坐标原点： a 将光标移动到坐标系原点 b 以点动方式将机器人移动到应进行记录的点 c 在按下"SHIFT"键的同时，按下"F5"（位置记录）键，将当前值的数据作为参照点输入
MOTN-018 位置不可达 处理中 暂停 T2 手动坐标 100% 执行 I/O 运转 **设置 坐标系** *i* 用户坐标系　　　三点法　　　　1/4 坐标系编号：　1 　　X:　664.8　Y:　-602.6　Z:　-80.5 　　W:　127.6　P:　-38.0　R:　-153.4 　　注释：　　　　　　　　UFrame1 　　坐标原点：　　　　　　已使用 　　X方向点：　　　　　　已使用 　　Y方向点：　　　　　　已使用 [类型]　[方法]　坐标系编号	（9）记录 X 轴方向、Y 轴方向两个点及所示教的参考点，显示"记录完成" （10）在按下"SHIFT"键的同时按下"F4"（位置移动）键，即可使机器人移动到所存储的点

续表

示教器界面或机器人形态	操作步骤及说明
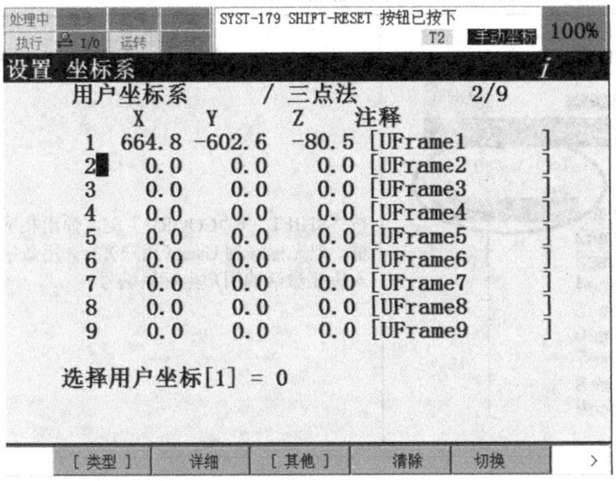处理中 执行 I/O 运转 SYST-179 SHIFT-RESET 按钮已按下 T2 手动坐标 100% 设置 坐标系 用户坐标系 / 三点法 2/9 X Y Z 注释 1 664.8 -602.6 -80.5 [UFrame1] 2 0.0 0.0 0.0 [UFrame2] 3 0.0 0.0 0.0 [UFrame3] 4 0.0 0.0 0.0 [UFrame4] 5 0.0 0.0 0.0 [UFrame5] 6 0.0 0.0 0.0 [UFrame6] 7 0.0 0.0 0.0 [UFrame7] 8 0.0 0.0 0.0 [UFrame8] 9 0.0 0.0 0.0 [UFrame9] 选择用户坐标[1] = 0 [类型] 详细 [其他] 清除 切换 >	（11）要确认已记录的各点的位置数据，将光标指向各参考点，按下“ENTER”键，出现各点的位置数据的详细界面。若返回原先的界面，按下“PREV”（返回）键 （12）可以确认所有用户坐标系的设定值 （13）将所设定的用户坐标系作为当前有效的用户坐标系来使用，按下“F5”（设定）键，并输入坐标系编号 （14）按下“F4”（清除）键，删除所设定的坐标系的数据

3. 激活所设定的用户坐标系

在机器人系统中，可以设定多组用户坐标系（FANUC R-30*i*B 控制柜最多可以设定 61 组工具坐标系），用户在使用这些用户坐标系时，需要先激活用户坐标；否则，机器人错选了工作区域，可能会对机器人本体造成损害。激活所设定的用户坐标系的方法有如下两种。

方法一：见表 3-9。

表 3-9　激活所设定的用户坐标系的操作步骤（方法一）

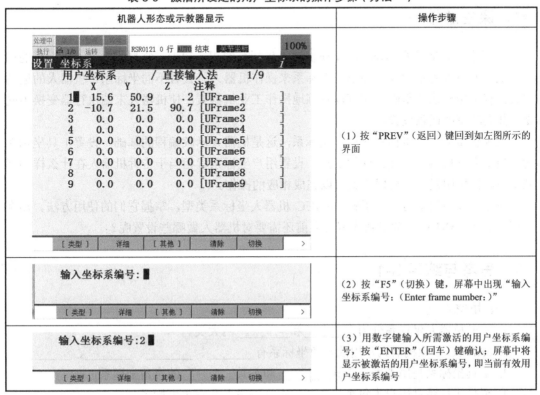

机器人形态或示教器显示	操作步骤
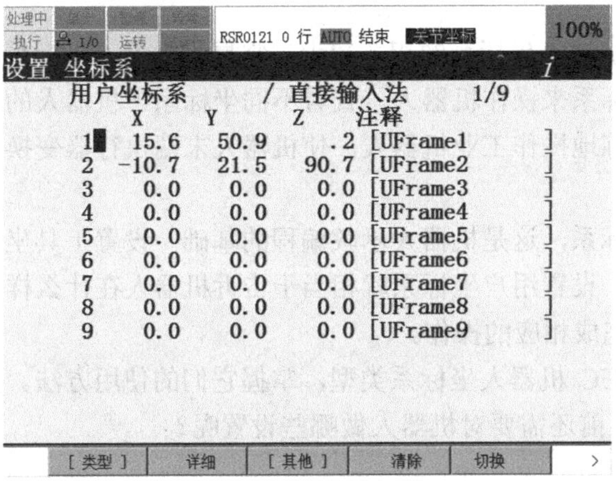处理中 执行 I/O 运转 RSR0121 0 行 AUTO 结束 关节坐标 100% 设置 坐标系 用户坐标系 / 直接输入法 1/9 X Y Z 注释 1 15.6 50.9 .2 [UFrame1] 2 -10.7 21.5 90.7 [UFrame2] 3 0.0 0.0 0.0 [UFrame3] 4 0.0 0.0 0.0 [UFrame4] 5 0.0 0.0 0.0 [UFrame5] 6 0.0 0.0 0.0 [UFrame6] 7 0.0 0.0 0.0 [UFrame7] 8 0.0 0.0 0.0 [UFrame8] 9 0.0 0.0 0.0 [UFrame9] [类型] 详细 [其他] 清除 切换 >	（1）按“PREV”（返回）键回到如左图所示的界面
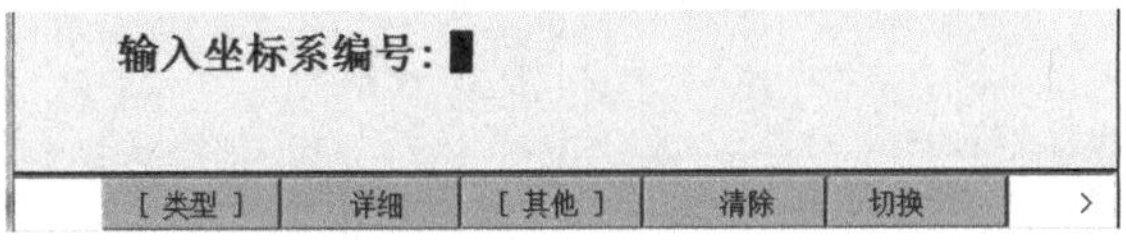输入坐标系编号: [类型] 详细 [其他] 清除 切换 >	（2）按“F5”（切换）键，屏幕中出现“输入坐标系编号：（Enter frame number:）”
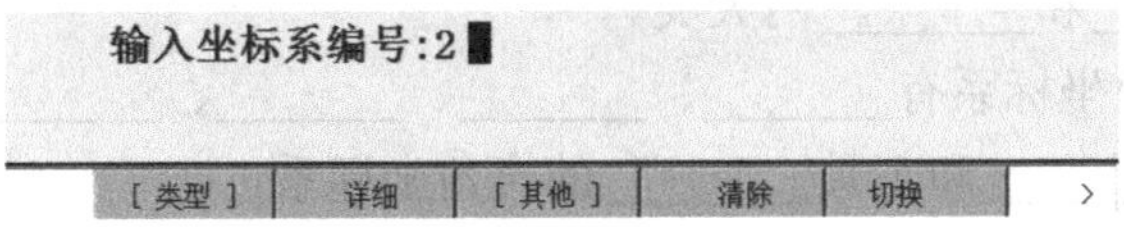输入坐标系编号:2 [类型] 详细 [其他] 清除 切换 >	（3）用数字键输入所需激活的用户坐标系编号，按“ENTER”（回车）键确认；屏幕中将显示被激活的用户坐标系编号，即当前有效用户坐标系编号

方法二：见表 3-10。

表 3-10　激活所设定的用户坐标系的操作步骤（方法二）

机器人形态或示教器显示	操作步骤
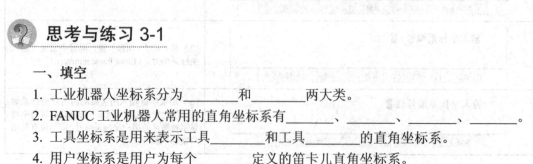	按"SHIFT"+"COORD"键，弹出相应对话框，把光标移到 User（用户）行，用数字键输入所要激活的用户坐标系编号

4. 检测用户坐标系

用户坐标系设置完成后需要进行简单检验，看看所设置的用户坐标系是否正确，检验方法如下所示：

（1）将机器人的示教坐标系通过"COORD"键切换成用户坐标系；

（2）示教机器人分别沿 X、Y、Z 方向运动，检查用户坐标系的方向设定是否有偏差，若偏差不符合要求，重复以上所有步骤重新设置。

 课程总结

本任务主要介绍了 FANUC 工业机器人坐标系的相关知识。掌握了机器人坐标系的相关知识，就可以用示教器选择不同坐标系来操作机器人，查看不同坐标系下机器人的运动方式。有了坐标系的基础，才可以熟练地操作工业机器人，使机器人末端执行器变换不同姿势并到达空间任意位置。

设置和激活工具坐标系和用户坐标系，这是机器人示教编程的基础。设置工具坐标系就相当于告诉机器人用什么样的工具，设置用户坐标系就相当于告诉机器人在什么样的区域工作。目标明确了，机器人就可以完成相应的操作。

通过本任务的学习可以了解 FANUC 机器人坐标系类型，掌握它们的使用方法。那么在正式学习 FANUC 工业机器人编程之前还需要对机器人做哪些设置呢？

思考与练习 3-1

一、填空

1. 工业机器人坐标系分为_____和_____两大类。

2. FANUC 工业机器人常用的直角坐标系有_____、_____、_____、_____。

3. 工具坐标系是用来表示工具_____和工具_____的直角坐标系。

4. 用户坐标系是用户为每个_____定义的笛卡儿直角坐标系。

5. 未定义工具坐标系时，将由_____坐标系替代工具坐标系。

6. 用三点法建立用户坐标系时，三个参考点分别是_____、_____、_____。

7. 创建工具坐标系时，一般是在_____坐标系下进行，设置过程中不可随意更改坐标系。

8. 用六点示教法创建工具坐标系不仅可以设置工具 TCP 的位置，还可以设置工具的_____。

9. 直角坐标系又称笛卡儿坐标系，通过 (x, y, z, w, p, r) 来反映机器人的_____和_____。

10. 通常机器人的世界坐标系原点位置位于_____，_____为 X 轴正方向，_____为 Y 轴正方向。

11. 工具坐标系用于描述工具或末端执行器在空间上的_____和_____，工具坐标系原点简称_____。

12. 工具坐标系的三点示教法只可以_____，而工具姿势 (w, p, r) 默认为_____。

二、问答

1. 工业机器人工具坐标系的建立有哪几种方法？

2. 详述检验新创建工具坐标系的方法。

3. 用户坐标系的作用是什么？

三、技能训练

1. 使用 FANUC 工业机器人建立一个工具坐标系，选定该坐标系并检验。

2. 使用 FANUC 工业机器人建立一个用户坐标系，选定该坐标系并检验。

任务 2 FANUC 工业机器人常用功能设定

本任务课件

 学习目标

学习目标	学习目标分解	学习要求
知识目标	了解 FANUC M-10iA 工业机器人各关节的运动范围	了解
	了解 FANUC 工业机器人系统的配置	了解
技能目标	熟练设置轴动作的范围	熟练操作
	熟练设置工业机器人负载并选定	熟练操作
	掌握 FANUC 工业机器人防干涉区域的设定	掌握

 课程导入

在学习工业机器人编程之前，还需要对工业机器人的一些重要参数进行设置，其中包括系统参数设置、负载载荷设置、防干涉区域设置等。

本任务的实施过程基于 FANUC 工业机器人教学工作站，机器人末端执行器和外围设备安装完成后，即可进行机器人关节可动范围、负载和防干涉区域的设定。

 课程内容

3.2.1　轴动作范围的设定

1. 为什么要限制机器人轴动作范围

为了防止机器人运动范围过大，造成人员受伤或装置损坏，需要控制机器人各个轴关节的动作范围。限制方式有两种，即机械限位和软件限位。

2. 如何限制机器人轴关节的动作范围

机械限位是通过限位开关、位置开关和机械式制动器来控制各轴关节的动作范围。例如限制第一轴旋转角度的机械挡块，如果超出限定位置，必然会被阻挡，然后电机过载而使系统停机。使用机械限位的好处是可以在物理空间中准确定位，缺点是如果要达到精确定位，机构会变得很复杂，而且无法自由调整和设定。

软件限位是通过软件来限制机器人动作范围，如通过示教器设定轴关节的动作范围。当机器人运动过程中一旦检测到超出这个范围，控制器就会让机器人停下来，然后弹出相应错误信息提示超限位了。软件限位应小于机械限位，这样，即使软件限位失效，机械限位还可以起作用。

3. 如何完成轴关节动作范围的设定

通过设定轴关节动作范围，可以将机器人的轴关节可动范围从标准值进行变更。轴关节动作范围可通过菜单"6 系统"→"4 轴动作范围"进行设置，如图 3-16 所示。FANUC M-10iA轴关节可动范围的设置界面如图 3-17 所示。

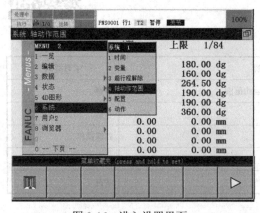

图 3-16　进入设置界面

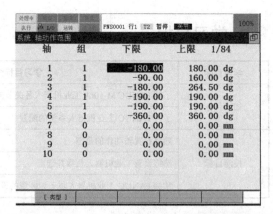

图 3-17　FANUC M-10iA 轴关节可动范围的设置界面

上限值表示轴关节可动范围的上限值，这是正方向的可动范围。下限值表示轴关节可动范围的下限值，这是负方向的可动范围。在变更了轴动作范围的情况下，要使设定有效，需要暂时断开控制装置的电源，而后重新通电，否则会导致人员受伤或装置损坏。

3.2.2　工业机器人负载的设定

1. 为什么要设定机器人负载

负载设定就是将安装在机器人上的负载的信息（质量、重心位置等）输入到机器人系统。通过负载信息的设定，可以使机器人动作性能得以提高。主要体现以下几点：

- 减小振动；
- 缩短运动节拍；
- 优化碰撞检测功能；
- 提高重力补偿功能的性能。

2. 如何进行负载设定

任务要求：完成 FANUC M-10*i*A 机器人负载的设定。

操作步骤：

（1）按"MENU"键显示功能菜单，选择"0－－下页－－"→"6 系统"→"6 动作"，如图 3-18 所示。显示的负载一览界面如图 3-19 所示。

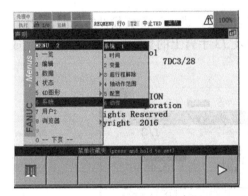

图 3-18　进入设定界面

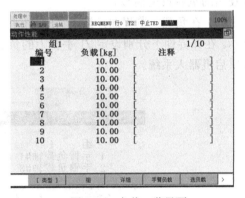

图 3-19　负载一览界面

（2）在设定界面可以设定 10 种负载信息，通过预先设定多个负载信息，只要切换负载设定编号或程序指令就完成负载的更改，如图 3-19 所示。以编号 1 为例，将光标移动到编号 1，按下"F3"（详细）键，即进入负载设定界面，如图 3-20 所示。

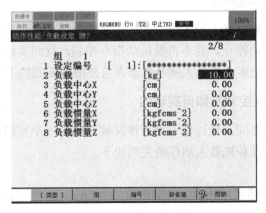

图 3-20　负载设定界面

（3）分别设定负载的质量、重心位置、负载惯量，如图 3-21 所示。其中，机器人负载的重心位置是指负载重心点在机械接口坐标系下的位置（x_g，y_g，z_g）；负载惯量值是指绕机械接口坐标系的 X 轴、Y 轴、Z 轴旋转的负载惯量值（l_x，l_y，l_z）。

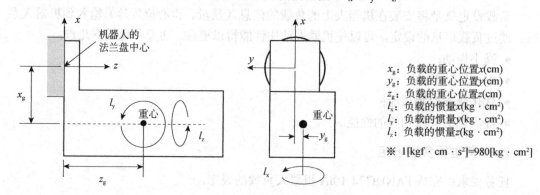

图 3-21　负载重心与负载惯量值

（4）设定完成后，按下"PREV"键返回负载一览界面，按下"F5"（切换）键，输入要使用的负载设定编号。

（5）在负载一览界面，按下"F4"（手臂负载）键，进入手臂负载设定界面，如图 3-22 所示。在该界面下分别设定 $J1$ 手臂上的负载以及 $J3$ 手臂上的负载的质量。该设置完成后，需重启机器人系统。

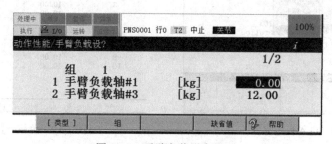

图 3-22　手臂负载设定界面

3.2.3　工业机器人防干涉区域的设定

1. 什么是防干涉区域功能

防干涉区域功能是指机器人预先设定的一个区域，当其他机器人或其他外围设备进入该区域时，机器人会自动停止，且不再受运动指令控制，直到其他机器人或外围设备离开干涉区域。该功能是防止多台机器人间及机器人与外围设备间的干涉。

2. 防干涉区域功能控制是如何实现的

外围设备和机器人之间，通过向一个干涉区域分配的一个互锁信号（输入和输出各一个）进行通信。互锁信号和机器人动作的关系如下。

1）输出信号

机器人 TCP 进入干涉区域内时，该输出信号为 OFF，退出干涉区域时，该输出信号为 ON。

2）输入信号

在输入信号为 OFF 的状态下，机器人试图进入干涉区域内时，机器人进入保持状态（停止）。输入信号 ON 时，保持状态被解除，系统自动地重新开始操作，机器人继续朝着目标点运动。

机器人 TCP 进入干涉区域内的时刻起减速停止，所以机器人实际停止的位置是进入干涉区域内的位置。因此，机器人的动作速度越快，机器人进入干涉区域的部分越多。在实际应用时，应考虑到此运动速度、工具的质量等因素，设定较大的干涉区域。

3. 如何完成防干涉区域的设定

防干涉区域功能可通过菜单"6 设置"→"防止干涉区域"进行设置，按下"ENTER"键进入设置界面，如图 3-23 所示，默认可设定 10 个防干涉区域，设置完成后，按"F4"（启用）键即可启用所设定的防干涉区域。按"F3"（详细）键进入第一个防干涉区域的设定界面，如图 3-24 所示。

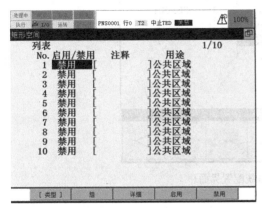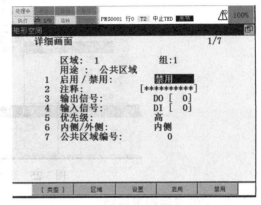

图 3-23　防干涉区域设定　　　　　图 3-24　防干涉区域详细设定

防干涉区域功能设定所需要设定的参数见表 3-11 所示。

表 3-11　防止干涉区域功能参数

参数	设定说明
启用/禁用	该干涉区域启用/禁用的切换
注释	可以添加最多 10 个字符的注释
输出信号	设定输出信号
输入信号	设定输入信号
优先级	相邻两台机器人干涉区域有重合时，需要设定优先级的高低，干涉区域内优先级高的先执行动作指令。同一个干涉区，两台机器人的优先级必须一高一低，否则会造成两台机器人的锁死状态
内侧/外侧	将长方体区域的内侧或外侧作为干涉区域
基准顶点	设置构成长方体区域基准的顶点位置
坐标系边长/对角端点	坐标系边长：指定从基准顶点到沿用户坐标系 X、Y、Z 轴的长方体的边的长度（长方体各边必须平行于用户坐标系的坐标轴） 坐标系对角端点：以基准顶点和指定的点作为对角顶点的长方体形成为干涉区域

3.2.4 FANUC 工业机器人的系统配置

FANUC 工业机器人系统配置菜单中罗列了机器人系统设定的重要选项，如停电处理方式、选择通电启动程序、气压异常检测、末端执行器断裂检测、远程/本地设置等。机器人运行前应对系统进行配置，如末端执行器断裂检测的关闭。下面简单介绍系统配置菜单里的相关选项。

1. 进入系统配置界面

通过按"MENU"键显示功能菜单，选择"0--下页--"→"6 系统"→"5 配置"，如图 3-25 所示。

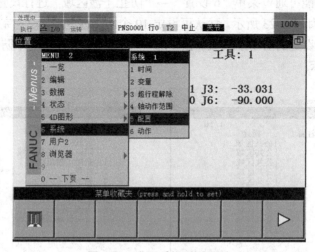

图 3-25　进入系统配置界面

2. 了解系统配置选项

按"ENTER"键进入系统配置界面，所包含的选项如图 3-26 所示。

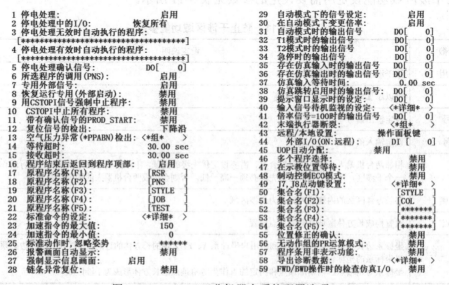

图 3-26　FANUC 工业机器人系统配置选项

有关系统配置选项的功能说明详见表 3-12。

表 3-12　系统配置选项的配置说明

序号	配置项	配置说明
1	停电处理	将停电处理/热开机设置为有效时，通电时执行停电处理（热启动）。标准值为有效
2	停电处理中的 I/O	指定停电处理有效时，I/O 的 4 种处理情况： 不予恢复 恢复仿真状态 通过停电处理恢复 I/O 的输出状态，解除仿真 通过停电处理恢复 I/O
3	停电处理无效时自动执行的程序	设定在停电处理/热开机有效或者无效的情况下通电时自动启动的程序
4	停电处理有效时自动执行的程序	
5	停电处理确认信号	停电处理完成输出信号，指定在通电时进行了停电处理的情况下将被输出的数字输出信号（DO）。在尚未进行停电处理的情况下，该数字信号保持断开状态。此外，若这里设定为 0，本功能将无效
6	所选程序的调用（PNS）	选择程序的呼叫（PNS）。设为启用时，重新上电后继续选择断电前的程序；设为禁用后重新上电为未选择程序状态
7	专用外部信号	用于外部信号的有效 / 无效切换。将其设定为无效时，忽略外围设备输入信号（UI[1]～UI[18]）
8	恢复运行专用（外部启动）	将外部 START 信号（暂停状态）设定为有效时，外部启动信号（START）只启动处于暂停状态下的程序
9	用 CSTOPI 信号强制终止程序	通过 CSTOPI 输入立即强制结束当前执行中的程序
10	CSTOPI 终止所有程序	若设定为"有效"，CSTOPI 输入信号将会强制结束所有的程序 该设定为"无效"，CSTOPI 输入信号仅强制结束当前所选的程序（标准设定）
11	带有确认信号的 PROD_START	将确认信号后执行 PROD_START 置于有效时，PROD_START 输入只有在 PNSTROBE 输入处在 ON 的情况下才有效
12	复位信号的检出	设定复位信号是上升沿有效或下降沿有效，设定后需冷启动后生效
13	空气压力异常（*PPABN）检出	对每一运动组指定气压异常（*PPABN）检测的有效 / 无效。标准设定为无效
14	等待超时	等待指令的最大等待时间
15	接收超时	接收指令的最大超时时间
16	程序结束后返回到程序顶部	指定在程序结束时是否将光标指向程序的开头
17		
18		
19	源程序名称（F1-F5）	设定创建程序时 F1～F5 键对应的单词，方便快速填写程序名
20		
21		
22	标准命令的设定	在光标指向标准指令设定的状态下按下"ENTER"键，即可进入标准指令功能键的设定界面
23	加速指令的最大值	加减速指令（ACC）上限值，标准值为 150
24	加速指令的最小值	加减速指令（ACC）下限值，标准值为 0
25	标准动作时，忽略姿势	将"Wjnt"动作附加指令统一追加到直线、圆弧、C 圆弧的标准动作指令中，或从中将其统一删除掉
26	报警画面自动显示	设定报警画面的自动显示功能的有效/无效。标准设定为无效

续表

序号	配置项	配置说明
27	强制显示信息画面	在程序中执行了消息指令的情况下，设定是否自动显示用户画面
28	链条异常复位	发生链条异常报警（SRVO-230，231）时解除报警
29	自动模式下的信号设定	设定处在 AUTO 模式时是否可从 TP 进行信号的设定。标准设定为可以进行信号的设定
30	在自动模式下变更倍率	设定处在 AUTO 模式时是否可从 TP 进行倍率的变更。标准设定为可以进行倍率的变更
31	自动模式时的输出信号	在自动模式时指定的 DO 接通
32	T1 模式时的输出信号	T1 模式时指定的 DO 接通
33	T2 模式时的输出信号	T2 模式时指定的 DO 接通
34	急停时的输出信号	执行急停操作时输出指定的 DO
35	存在仿真输入时的输出信号	可以监视是否存在被设定为仿真状态的输入信号，并向数字输出信号输出
36	存在仿真输出时的输出信号	可以监视是否存在被设定为仿真状态的输出信号，并向数字输出信号输出
37	仿真输入等待时间	设定在仿真跳过功能有效的情况下待命指令超时之前的时间
38	仿真跳转启用时的输出信号	可以监视是否存在仿真跳过功能被设定为有效的输入信号，并作为输出信号输出
39	提示窗口显示时的设定	设定提示窗口显示时输出的 DO
40	输入信号待机监视设定	通过程序中的等待指令，在等待特定信号的状态下，进行经过一定时间时输出信号的功能设定
41	倍率信号=100 时的输出信号	设定用来通知倍率被设定为 100% 这一事实的数字输出信号的编号
42	末端执行器断裂	进行夹爪断裂（*HBK）检测的有效/无效设定

 ## 课程总结

本任务主要介绍如何完成 FANUC 工业机器人常用功能的设定，这些功能设定是在机器人编程之前所进行的。例如负载设定，可减小机器人的振动。

 ## 思考与练习 3-2

一、问答

1. 如何禁用自动模式下示教器的速度调节功能？

2. 机器人防干涉区域的作用是什么？

3. FANUC M-10iA 工业机器人各轴关节运动范围是什么？

二、判断

机器人 TCP 进入干涉区域前开始减速停止，机器人实际停止的位置在入干涉区域以外。
(   )

三、技能训练

1. 根据所安装的末端执行器重新设定第 6 轴的动作范围。

2. 根据 FANUC 工业机器人教学工作站的末端执行器的参数信息，进行负载设定和激活。

3. 把工业机器人教学工作站加工区设置为防干涉区域，并与 PLC 控制形成互锁信号。

任务 3 FANUC 工业机器人零点标定

本任务课件

学习目标

学习目标	学习目标分解	学习要求
知识目标	了解 FANUC 工业机器人零点标定的意义	了解
	掌握 FANUC 工业机器人零点标定的方法	熟练掌握
技能目标	能够熟练完成零点标定	熟练操作
	能够熟练更换控制柜主板上的后备电池	熟练操作
	能够熟练更换机器人本体上的后备电池	熟练操作

课程导入

机器人编程都是围绕位置点进行的，获取的位置点是基于零点的，下面介绍机器人零点标定。

课程内容

3.3.1 FANUC 工业机器人零点标定的含义

1. 什么是零点标定

工业机器人通过闭环伺服系统来控制本体各运动轴。控制器输出控制指令来驱动每个轴的伺服马达。装配在伺服马达上的反馈装置——串行脉冲编码器（SPC），将信号反馈给控制器。在机器人运行过程中，控制器不断地分析反馈信号，修改指令信号，从而在整个过程中一直保持正确的位置和速度。

控制器必须"知晓"每个轴的位置，以使机器人能够准确地按原定位置移动。控制器是通过比较机器人本体在动作过程中读取的串行脉冲编码器的信号与机器人上已知的机械参考点信号的不同来达到这一目的。

零点标定是指使机器人各个轴的轴角度与连接在各个轴电机上的串行脉冲编码器的脉冲计数值对应起来的操作。具体来说，零点标定是求取零位中的脉冲计数值的操作。

2. 为什么要进行零点标定

零点标定记录了已知机械参考点的串行脉冲编码器的读数。零点标定的数据与其他用户数据一起保存在控制器的存储卡中，在关闭电源后，这些数据由主板电池维持。

当机器人正常关机时，每个串行脉冲编码器的当前数据将保留在脉冲编码器中，并由机器人本体的后备电池（位置如图 3-27 所示）供电维持。机器人开机后，控制器将请求从脉冲编码器读取数据，接收到数据后，伺服系统开始正常工作。这一过程称为校准过程，校准在机器人开机时自动进行。

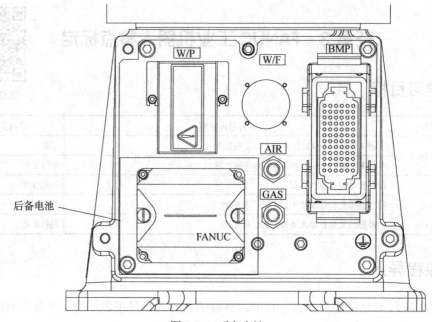

图 3-27 后备电池

如果机器人关机后，断开了脉冲编码器的后备电池电源，机器人重新上电后将无法完成校准过程，此时机器人位置信息将会丢失，而机器人只能在手动模式下进行关节运动。要使机器人恢复正常运行，必须重新完成零点标定。

通常，机器人从 FANUC 公司出厂之前已经进行了零点标定，正常情况下，不需要进行零点标定。但是发生以下情况，则需要进行零点标定。

- 更换电机；
- 更换脉冲编码器；
- 更换减速机；
- 更换电缆；
- 机器人本体后备电池用尽；
- 超越机械极限位置；
- 与工件或环境发生碰撞；
- 没有通过控制器而是手动移动机器人关节；
- 其他可能造成零点丢失的情况。

3. 如何防止脉冲编码器信息丢失

包括零点标定数据在内的机器人数据和脉冲编码器数据，通过各自的后备电池进行保存。后备电池用尽时将会导致数据丢失，因此应定期更换控制装置和机构部分的后备电池。后备电池电压下降时，系统会发出报警通知用户，如"SRVO-065 BLAL（G：1　A：1）"报警（脉冲编码器的电池电压低于基准值），如图 3-28 所示，此时需更换相应的后备电池。

若更换后备电池不及时或其他原因，造成脉冲编码器信息丢失，而出现"SRVO-062 BZAL"报警或者"SRVO-038 SVAL2"脉冲值不匹配（Group：i Axis：j）报警时，需要重新完成零点标定。

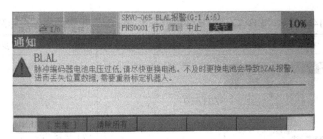

图 3-28　"SRVO-065 BLAL"报警（一）

4. 如何进行零点标定

零点标定的方法有 5 种，见表 3-13。

表 3-13　零点标定的 5 种方法

零点标定方法	解释
专用夹具零点位置标定	机器人出厂时设置，需卸下机器人上的所有负载，用专门的校正工具完成
全轴零点位置标定	将机器人的各个轴示教到零度位置而进行的零点标定
简易零点标定	任意选取合适位置作为参考点，进行零点标定
单轴零点标定	针对某一轴进行的零点标定
输入零点标定数	直接输入零点标定数据

3.3.2　FANUC 工业机器人零点标定的操作

因脉冲编码器的后备电池更换不及时，造成脉冲编码器信息丢失，此时示教器显示"SRVO-062 BZAL（G：1　A：6）"报警（或者"SRVO-075 脉冲编码器位置未确定"的报警），如图 3-29 所示。

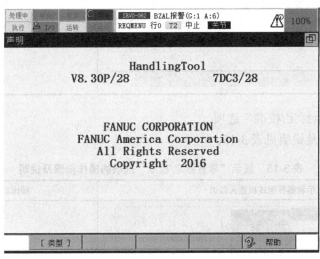

图 3-29　"SRVO-065 BLAL"报警（二）

1. 解除报警和准备零点标定

1）解除"SRVO-062 BZAL（G：1　A：6）"报警

具体操作步骤及说明见表 3-14。

表 3-14　解除 "SRVO-062 BZAL（G：1　A：6）" 报警的操作步骤及说明

示教器界面或机器人形态	操作步骤及说明
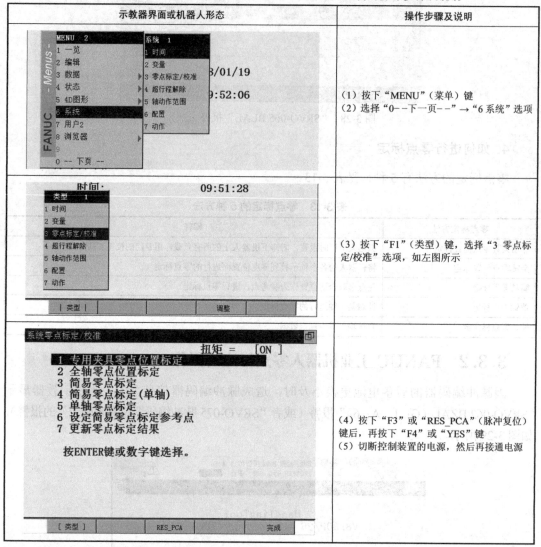	（1）按下 "MENU"（菜单）键 （2）选择 "0－－下一页－－"→"6 系统" 选项
	（3）按下 "F1"（类型）键，选择 "3 零点标定/校准" 选项，如左图所示
	（4）按下 "F3" 或 "RES_PCA"（脉冲复位）键后，再按下 "F4" 或 "YES" 键 （5）切断控制装置的电源，然后再接通电源

2）显示 "零点标定/校准" 选项

具体操作步骤及说明见表 3-15。

表 3-15　显示 "零点标定/校准" 选项的操作步骤及说明

示教器界面或机器人形态	操作步骤及说明
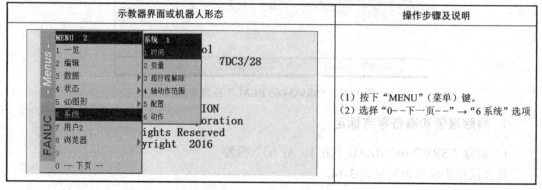	（1）按下 "MENU"（菜单）键。 （2）选择 "0－－下一页－－"→"6 系统" 选项

续表

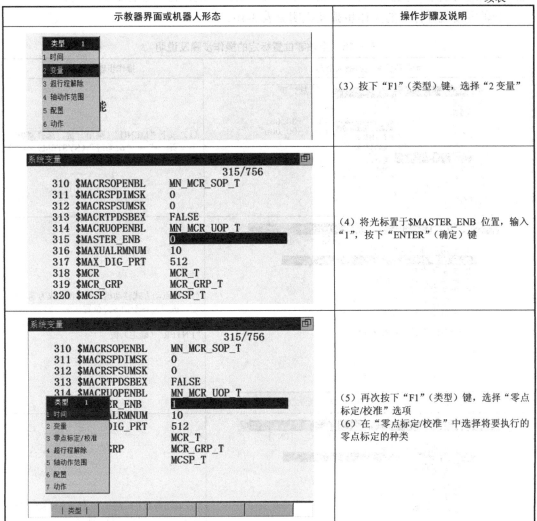

示教器界面或机器人形态	操作步骤及说明
类型　1 1 时间 2 变量 3 超行程解除 4 轴动作范围 5 配置 6 动作	（3）按下"F1"（类型）键，选择"2 变量"
系统变量　　315/756 310 $MACRSOPENBL　MN_MCR_SOP_T 311 $MACRSPDIMSK　0 312 $MACRSPSUMSK　0 313 $MACRTPDSBEX　FALSE 314 $MACRUOPENBL　MN_MCR_UOP_T 315 $MASTER_ENB　0 316 $MAXUALRMNUM　10 317 $MAX_DIG_PRT　512 318 $MCR　MCR_T 319 $MCR_GRP　MCR_GRP_T 320 $MCSP　MCSP_T	（4）将光标置于$MASTER_ENB 位置，输入"1"，按下"ENTER"（确定）键
系统变量　　315/756 310 $MACRSOPENBL　MN_MCR_SOP_T 311 $MACRSPDIMSK　0 312 $MACRSPSUMSK　0 313 $MACRTPDSBEX　FALSE 314 $MACRUOPENBL　MN_MCR_UOP_T 类型　1 1 时间 2 变量 3 零点标定/校准 4 超行程解除 5 轴动作范围 6 配置 7 动作 |类型|	（5）再次按下"F1"（类型）键，选择"零点标定/校准"选项 （6）在"零点标定/校准"中选择将要执行的零点标定的种类

3）解除"SRVO-075 脉冲编码器位置未确定（G：1　A：6）"报警

操作步骤如下所示：

（1）控制柜再次通电后，示教器再次显示"SRVO-075 脉冲编码器位置未确定（G：1
A：6）"报警，如图 3-30 所示；

（2）在手动模式下选择关节坐标系，出现"Pulse not established"的提示，按下示教器
上的"RESET"（复位）键时不再出现报警。

图 3-30　"SRVO-075 脉冲编码器位置未确定（G：1　A：6）"报警

2. 全轴零度位置标定

全轴零度位置标定是在所有轴零度位置进行的零点标定。机器人的各轴都赋予零位标
记。通过这一标记，将机器人移动到所有轴零度位置后进行零点标定。"全轴零度位置标定"

通过目测进行调节，把机器人示教到零度位置，所以不能期待零点标定的精度。

全轴零度位置标定的操作步骤及说明见表 3-16。

表 3-16　全轴零位置标定的操作步骤及说明

示教器界面或机器人形态	操作步骤及说明
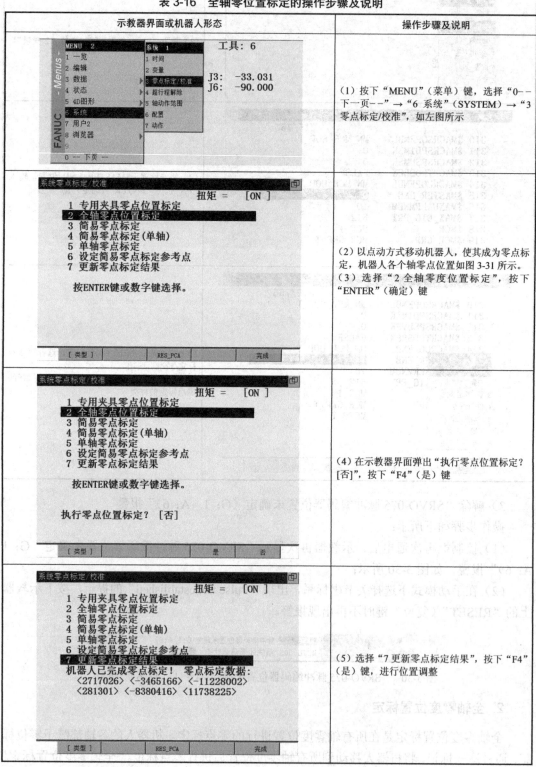	（1）按下"MENU"（菜单）键，选择"0--下一页--"→"6 系统"（SYSTEM）→"3 零点标定/校准"，如左图所示
	（2）以点动方式移动机器人，使其成为零点标定，机器人各个轴零点位置如图 3-31 所示。 （3）选择"2 全轴零度位置标定"，按下"ENTER"（确定）键
	（4）在示教器界面弹出"执行零点位置标定？[否]"，按下"F4"（是）键
	（5）选择"7 更新零点标定结果"，按下"F4"（是）键，进行位置调整

续表

示教器界面或机器人形态	操作步骤及说明
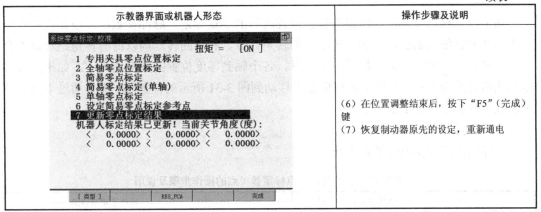	（6）在位置调整结束后，按下"F5"（完成）键 （7）恢复制动器原先的设定，重新通电

M-10iA 机器人各轴零度位置如图 3-31 所示。

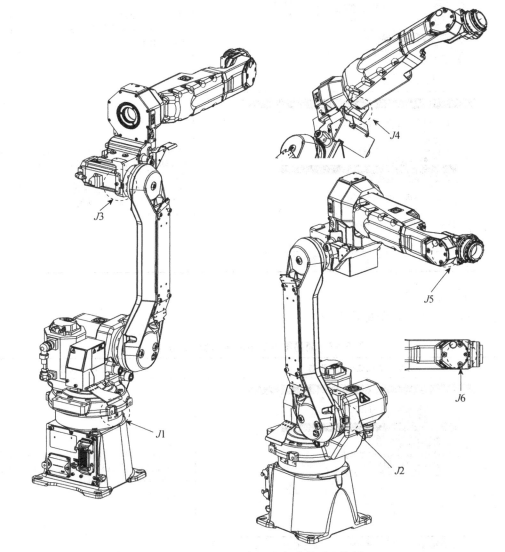

图 3-31　M-10iA 机器人各个轴零度位置

3. 简易零点标定

简易零点标定是在用户设定的任意位置进行的零点标定。脉冲计数值，根据连接在电机上的脉冲计编码器的转速和一转以内的转角计算。利用回转一周以内的转角绝对值不会丢失而进行简易零点标定。机器人出厂时，各个轴到零度位置的角度值为零。如果没有特定问题请勿改变设定。如果不能将机器人移动到图 3-31 所示的位置时，需要通过下列步骤重新设定简易零点标定参考点。

1）设定简易零点标定参考点

具体操作步骤及说明见表 3-16。

表 3-16　设定简易零点标定参考点的操作步骤及说明

示教器界面或机器人形态	操作步骤及说明
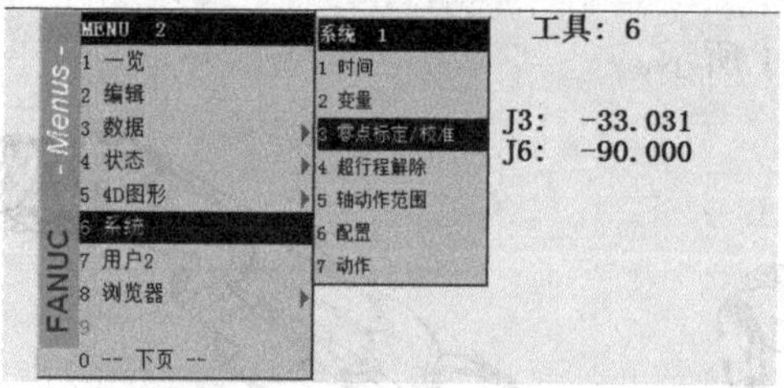	（1）按下"MENU"（菜单）键，选择"0--下一页--"→"6 系统"→"3 零点标定/校准"，如左图所示
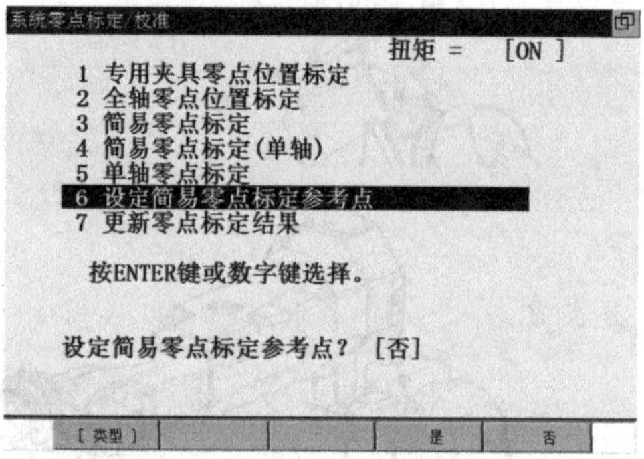	（2）以点动方式移动机器人，使其移动到简易零点标定参考点。请在解除制动器控制后进行操作 （3）选择"6 简易零点标定参考点设定"，按下"F4"（是）键，简易零点标定参考点数据即被存储起来

2）简易零点标定

具体操作步骤及说明见表 3-17。

表 3-17　简易零点标定的操作步骤及说明

示教器界面或机器人形态	操作步骤及说明
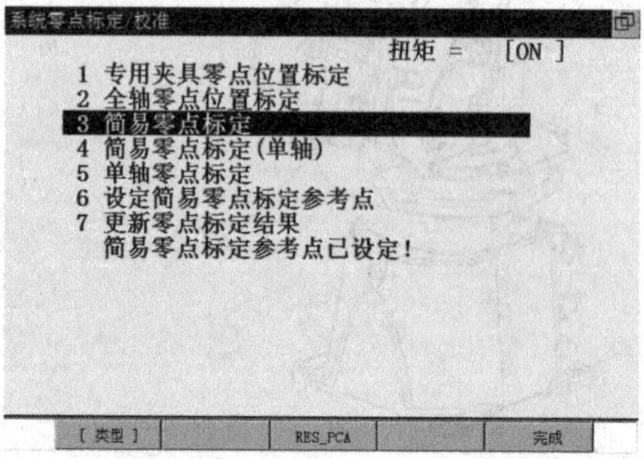	（1）"进入零点标定/校准"界面，在 JOG 方式下移动机器人，使其移动到简易零点标定参考点。请在解除制动器控制后进行操作

续表

示教器界面或机器人形态	操作步骤及说明
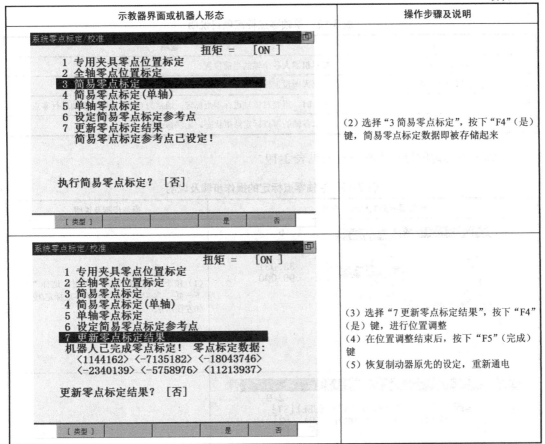	（2）选择"3 简易零点标定"，按下"F4"（是）键，简易零点标定数据即被存储起来
	（3）选择"7 更新零点标定结果"，按下"F4"（是）键，进行位置调整 （4）在位置调整结束后，按下"F5"（完成）键 （5）恢复制动器原先的设定，重新通电

4. 单轴零点标定

单轴零点标定是对机器人每个轴进行的零点标定。各个轴的零点标定位置可以在用户设定的任意位置进行。如果操作不当造成某一特定轴的零点标定数据丢失时，可进行单轴零点标定。单轴零点标定的设置界面如图 3-32 所示。

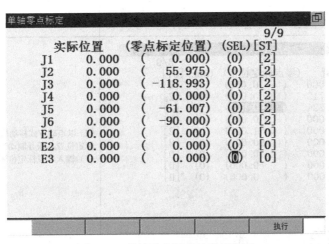

图 3-32 单轴零点标定的设置界面

单轴零点标定项目说明见表 3-18。

表 3-18　单轴零点标定项目说明

项目	说明
实际位置（ACTUAL POS）	显示机器人各个轴的当前位置
零点标定位置（MSTR POS）	机器人所设定轴零点标定位置
SEL	为 1 时，需要对该轴进行零点标定；通常为 0，不需要对该轴进行零点标定
ST	显示各轴的零点标定结束状态，无法修改

单轴零点标定的操作步骤及说明见表 3-19。

表 3-19　单轴零点标定的操作步骤及说明

示教器界面或机器人形态	操作步骤及说明
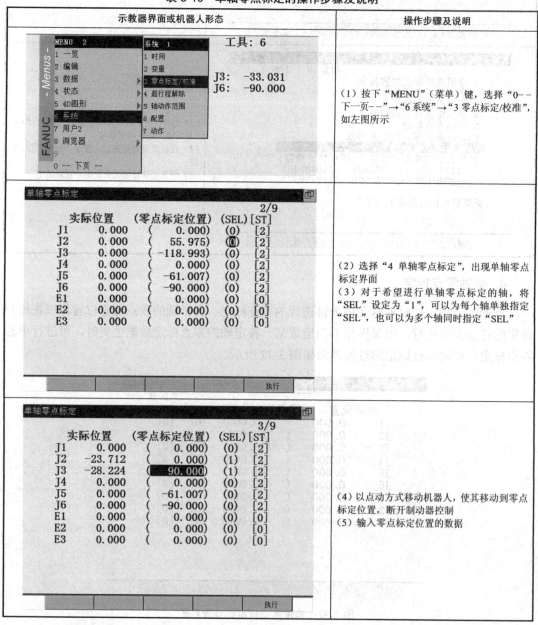	（1）按下"MENU"（菜单）键，选择"0--下一页--"→"6 系统"→"3 零点标定/校准"，如左图所示 （2）选择"4 单轴零点标定"，出现单轴零点标定界面 （3）对于希望进行单轴零点标定的轴，将"SEL"设定为"1"，可以为每个轴单独指定"SEL"，也可以为多个轴同时指定"SEL" （4）以点动方式移动机器人，使其移动到零点标定位置，断开制动器控制 （5）输入零点标定位置的数据

续表

示教器界面或机器人形态	操作步骤及说明
	（6）按下"F5"（执行）键，执行零点标定。由此，"SEL"返回"0"，"ST"变为"2"（或者"1"）
	（7）完成后，按下"PREV"（返回）键，返回到上一级的界面 （8）选择"7 更新零点标定结果"，按下"F4"键，进行位置调整 （9）在位置调整结束后，按下"F5"（完成）键

3.3.3　更换 FANUC 工业机器人后备电池

1. 更换控制柜主板上的后备电池

机器人程序和系统变量（如零点标定的数据）存储在主板的 SRAM 中，由一节位于主板上的锂电池供电（如图 3-33 所示），以保存数据。当电池电压不足时，会在机器人示教器上显示"SYST-035 WARN 主板的电池电压低或为零"。当电池电压变得更低时，SRAM 中的数据将不能备份，这时需要更换电池，并将原先备份的数据重新加载。

图 3-33　控制柜主板后备电池

控制柜主板上的电池一般需要两年更换一次，操作步骤如下：

（1）准备一节新的 3V 锂电池（推荐使用 FANUC 机器人原装电池）；

（2）暂时接通机器人控制柜的电源 30s 以上；

（3）断开机器人控制柜的电源；

（4）拉出位于后面板单元的电池，如图 3-34 所示（按住电池的卡爪，向外拉出）；

（5）安装准备好的新电池单元，确认电池的卡爪已被锁住，如图 3-35 所示。

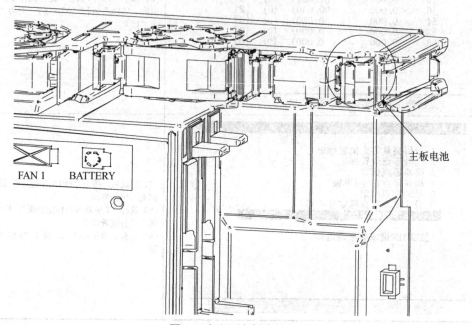

图 3-34　取下主板电池

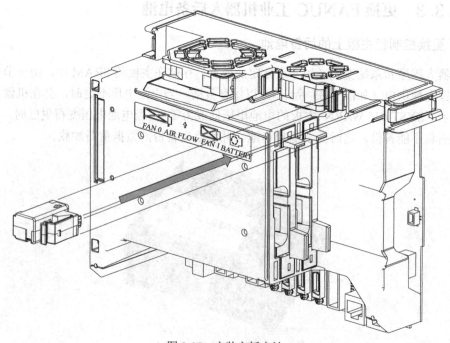

图 3-35　安装主板电池

电池更换过程需 30min 以内完成，否则会因长时间不安装电池，造成存储器的数据丢失。为了防止意外发生，在更换电池之前，需事先备份好机器人的程序系统变量等数据。

2. 更换机器人本体上的后备电池

机器人当前位置数据保存在脉冲编码器中，并由机器人本体的后备电池（四节 2 号电池）供电维持。该电池一般需要一年更换一次，当示教器出现"SRVO-065 BLAL（G：1　A：6）"报警时，需及时更换本体上的电池，操作步骤如图 3-36 所示。

（1）保持工业机器人电池开启，按下急停按钮。

（2）拆下电池盒的盖子。

（3）从电池盒中取出用旧的电池。此时，通过拉起电池盒中央的棒即可取出电池。

（4）将新电池装入电池盒中，注意不要弄错电池的正负极性。

（5）安装电池盒的盖子。

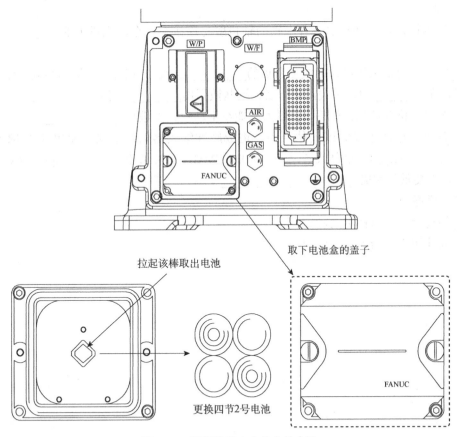

图 3-36　更换机器人本体上的电池

 课程总结

零点标定时发生的报警及其对策说明如下。

（1）BZAL 报警。

在控制装置电源断开期间，当脉冲编码器的后备电池电压为 0V 时，会发生此报警。

此外，为更换电缆等而拔下脉冲编码器的连接器时，由于电池的电压会为 0V 而发生此报警。切断电源后再通电，确认是否能够解除报警。无法解除报警时，有可能是电池的电能已经耗尽。在更换完电池后，进行脉冲复位，切断电源后再通电。发生了该报警时，保存在脉冲编码器内的数据将会丢失，需要再次进行零点标定。

（2）BLAL 报警。

该报警表示，后备脉冲编码器的电池电压已经下降到不足以进行后备的程度。发生该报警时，应尽快在通电状态下更换脉冲编码器后备电池，更换后确认当前位置数据是否正确。

（3）CKAL、RCAL、PHAL、CSAL、DTERR、CRCERR、STBERR、SPHAL 报警。

有可能是脉冲编码器异常所造成的，请联系 FANUC 公司。

思考与练习 3-3

一、填空

1. 零点标定是指使机器人各个轴的轴角度与连接在各个轴电机上的_____对应起来的操作。

2. 零点标定记录了已知机械参考点的_____读数。零点标定的数据与其他用户数据一起保存在_____中，在关闭电源后，这些数据由_____维持。

3. 机器人位置信息丢失后，机器人只能在手动模式下进行_____运动。

4. 若更换电池不及时或其他原因，造成脉冲编码器信息丢失，而出现"SRVO-062 BZAL（G：1　A：1）"报警或者"SRVO-038 SVAL2 脉冲值不匹配（Group：i Axis：j）"报警时，需要重新完成_____。

二、简答

1. 简述全轴零点标定的步骤。

2. 简述更换机器人本体电池的步骤。

单元 4

机器人轨迹编程

任务 1　示教程序的创建

本任务课件

学习目标

学习目标	学习目标分解	学习要求
知识目标	了解 FANUC 工业机器人程序的作用	了解
技能目标	掌握 FANUC 工业机器人创建程序的方法	熟练掌握
	掌握修改程序名称及删除程序的方法	熟练掌握
	掌握设定机器人程序属性的方法	熟练掌握

 课程导入

在本任务及后续任务中，将介绍 FANUC 工业机器人编程，首先介绍示教程序的创建、修改程序名称和程序删除的方法。

本任务的实施过程基于 FANUC 工业机器人教学工作站，通过操作 FANUC 工业机器人示教器，学习机器人示教程序的创建，以及修改程序属性、重命名程序、删除程序的方法。

 课程内容

4.1.1　FANUC 工业机器人示教编程介绍

FANUC 工业机器人编程方式有两种，即在线示教编程和离线编程。在线示教编程简称示教编程，通过示教器编写机器人程序指令，该指令为机器人和外围设备指定了动作、提供了执行方法。通过程序指令可以进行如下操作：

- 使机器人沿着指定路径移动到作业空间的某个位置；
- 搬运工件；
- 向外围设备发出输出信号；
- 处理来自外围设备的输入信号。

机器人编程时的指令种类较多，主要分为动作指令、控制指令和其他指令。FANUC 工业机器人示教程序编写的步骤如图 4-1 所示。

```
┌─────────────┐
│   创建程序    │
└─────────────┘
       ↓
┌─────────────┐
│ 修改程序细节信息 │
└─────────────┘
       ↓
┌─────────────┐
│ 修改标准指令语句 │
└─────────────┘
       ↓
┌─────────────┐
│  示教动作指令  │
└─────────────┘
       ↓
┌─────────────┐
│  示教控制指令  │
└─────────────┘
       ↓
┌─────────────┐
│    结束      │
└─────────────┘
```

图 4-1　FANUC 工业机器示教程序编写的步骤

4.1.2　示教程序的创建

用示教器创建机器人程序，操作步骤如下：

（1）按"SELECT"（程序一览）键显示程序目录界面，如图 4-2 所示。

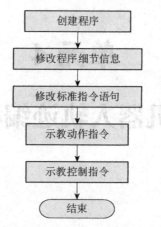

图 4-2　程序目录界面

（2）按"F2"（创建）键创建程序，如图 4-3 所示。

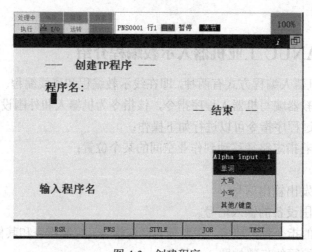

图 4-3　创建程序

（3）移动光标选择程序命名方式。

a 单词；

b 大写；

c 小写；

d 其他/键盘。

程序命名需遵循以下规则：

- 程序名称最多由 8 个字符构成，必须以英文字母开头；
- 可通过单词快速创建以 RSR、PNS、STYLE、JOB 和 TEST 为开头的程序；
- 程序名称中不可使用星号"*"及"@"等特殊字符；
- 程序名称的含义应尽量贴近程序的工作内容以增加程序的可阅读性。

（4）选择"大写"，用功能键"F1"～"F5"输入程序名（例如程序名称为 PX0001），如图 4-4 所示。

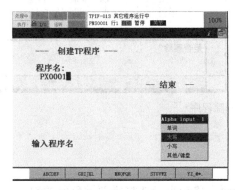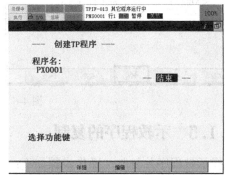

图 4-4　输入程序名

（5）输入程序名后，按"ENTER"键确认。

4.1.3　示教程序的选择

在示教器中选择示教程序，操作步骤如下：

（1）按"SELECT"键显示程序目录界面，如图 4-2 所示；

（2）移动光标选择所要编译的程序；

（3）按"ENTER"键或"F4"（监控）键，进入编译界面，选择示教程序，如图 4-5 所示。

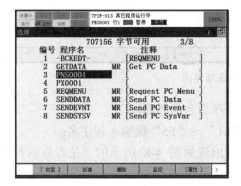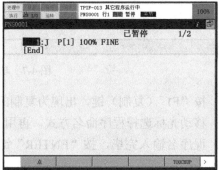

图 4-5　选择示教程序

4.1.4 示教程序的删除

删除示教器中的示教程序，操作步骤如下：

（1）按"SELECT"键，显示程序目录界面，如图 4-2 所示；

（2）移动光标选中要删除的程序名；

（3）按"F3"（删除）键后出现"是否删除？"提示信息，如图 4-6 所示；

（4）按"F4"（是）键，确认删除程序。

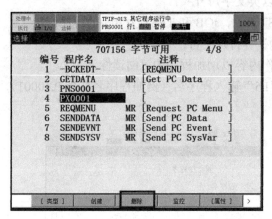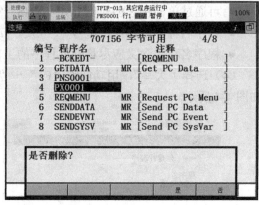

图 4-6 删除程序

4.1.5 示教程序的复制

选择示教程序并复制，操作步骤如下：

（1）按"SELECT"键，显示程序目录界面，移动光标选择需要被复制的程序；

（2）若功能键中无"复制"选项，按"NEXT"键，显示图 4-7 所示的功能选项界面；

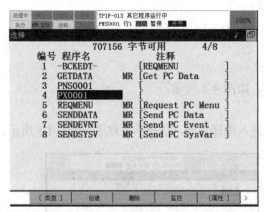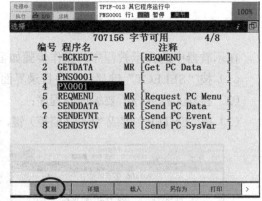

图 4-7 功能选项界面

（3）按"F1"（复制）键，出现为复制的程序命名的界面；

（4）移动光标选择程序命名方式，再用"F1"～"F5"键输入程序名；

（5）程序名输入完毕，按"ENTER"键，出现如图 4-8 所示的"是否复制？"提示信息；

（6）按"F4"（是）键，确认复制程序。

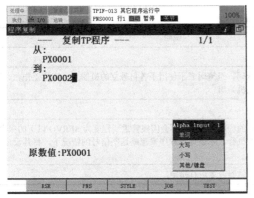
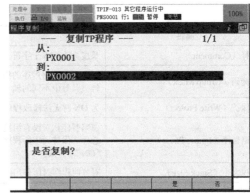

图 4-8 复制程序

4.1.6 查看程序属性

查看程序属性的操作步骤如下:

（1）按"SELECT"键,显示程序目录界面。

（2）移动光标选择需要查看的程序。

（3）按"F2"（详细）键,若功能选项中无"详细"选项,按下"NEXT"键切换功能
选项内容,出现图 4-9 所示的程序属性界面。

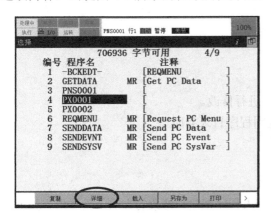
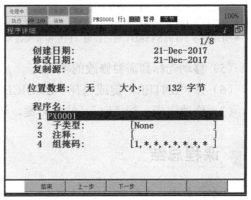

图 4-9 程序属性界面

（4）程序详细信息是为程序赋予名称并明确其属性的特有信息。程序详细信息由如下
内容构成:

● 创建日期、修改日期、复制来源的文件名、位置资料的有效/无效、程序数据大小等
与属性相关的信息;

● 程序名、注释、子类型、组掩码、写保护、忽略暂停等与执行环境相关的信息。

程序属性说明见表 4-1。

表 4-1 程序属性说明

属性	说明
程序名（Program Name）	MR：宏程序
子类型（Sub Type）	None 为未设定[①]

属性	说明
注释（Comment）	长度为 1~16 个字符
组掩码（Group Mask）	用来设定具有程序的组掩码。组掩码表示使用于各自独立的机器人、定位工作台、其他夹具等中不同的轴（电机）组②
写保护（Write Protect）	为 ON 时无法修改程序
忽略暂停（Ignore Pause）	忽略暂停相对没有组掩码的程序，设定为不会因报警重要程度为 SERVO 以下的报警、急停、保持而中断程序的执行。希望通过程序来忽略这些信号的情况下，将其设定为"ON"（有效）
堆栈大小（Stack Size）	对呼叫程序时所使用的存储器容量进行指定

说明：

① 程序子类型设定。有如下所示的子类型：

- Job（工作程序）——指定可作为主程序而从示教器等装置启动的程序，在程序中呼叫并执行过程程序；
- Process（处理程序）——指定作为子程序而从工作程序中呼叫并执行特定作业的程序；
- Macro（宏程序）——指定用来执行宏指令的程序，在宏设定界面上登录的程序，其属性自动地被设定为 MR；
- State（状态）——通过状态监视功能，在创建条件程序时指定。

② 机器人控制装置，可以将多个轴分割为多个动作组进行控制（多动作功能）。系统中只有一个动作组的情况下，标准的动作组为组 1（1，*，*，*，*，*，*，*）。

机器人控制装置可以将最多 56 轴（插入附加轴板）分割为最多 8 个动作组后同时进行控制，每一个群组最多可控制 9 个轴（多运动功能）。

系统中只有一个动作组的情况下，标准的动作组为群组 1（1，*，*，*，*，*，*，*）。

程序中没有动作组（即不伴随机器人动作的程序）的情况下，动作组为（*，*，*，*，*，*，*，*）；没有动作组的程序，即使系统处在非动作允许状态时也可以启动。

动作允许状态是下列动作允许条件成立时的状态：

- 外围设备 I/O 的 ENBL 输入接通；
- 外围设备 I/O 的 SYSRDY 输出接通（伺服电源接通）。

（5）移动光标到需要修改的项目。

（6）按"ENTER"键或选择"CHOICE"进行修改。

（7）修改完毕，按"F1"（结束）键，返回程序目录界面。

课程总结

在本任务中，主要学习了 FANUC 工业机器人程序创建和修改的方法，具体内容如下：

- FANUC 工业机器人编写程序的步骤；
- 创建示教程序的步骤和注意事项；
- FANUC 工业机器人程序的类型及其用途；
- 程序属性的查看和修改方法。

思考与练习 4-1

一、判断

1. 程序名称可以使用特殊字符。（　　）

2. 命名程序时按照单词+数字的方式，该单词要表明当前程序的作用，这样可以增加整体程序的可阅读性。（　　）

3. 可以随意删除已有的程序。（　　）

4. 创建程序时可以忽略程序属性，如果有需要可以在创建完成后修改属性。（　　　）

二、技能训练

为 FANUC 工业机器人建立一个名称为"TEST10"的示教程序。

任务 2　轨迹编程——"2098"

 学习目标

学习目标	学习目标分解	学习要求
知识目标	了解 FANUC 机器人编程界面的构成	了解
	熟知机器人运动指令的构成	熟练掌握
	熟知工业机器人的运动类型	熟练掌握
	熟练掌握机器人运动指令的终止类型及使用	熟练掌握
技能目标	能够熟练示教机器人的位置点	熟练掌握
	能够熟练修改标准运动指令	熟练掌握
	能够熟练修改程序中的位置信息	熟练掌握

课程导入

掌握了机器人程序的创建，就可以进行程序的编写了，首先进行运动指令的编写。

通过操作 FANUC 工业机器人示教器，完成"2098"轨迹程序的编写。

课程内容

4.2.1　FANUC 工业机器人编程界面简介

在示教器上任意选择一个程序，按"ENTER"键进入该程序编程界面，如图 4-10 所示。在该界面上显示了当前执行的程序名、当前执行的行号、当前示教坐标系、程序运行状态、速度倍率、行号、光标、程序结束标志和功能菜单等。

4.2.2　机器人运动指令认识

所谓运动指令，是指以指定的移动速度和移动方法使机器人向作业空间内的指定位置移动的指令。运动指令的构成如图 4-11 所示。

FANUC 工业机器人的运动指令主要由运动类型、位置数据、运行速度、终止类型、动作附加语句等部分组成。

1. 运动类型

运动类型是指机器人 TCP 朝目标点运动所指定的运行轨迹，FANUC 工业机器人运动类型见表 4-2。

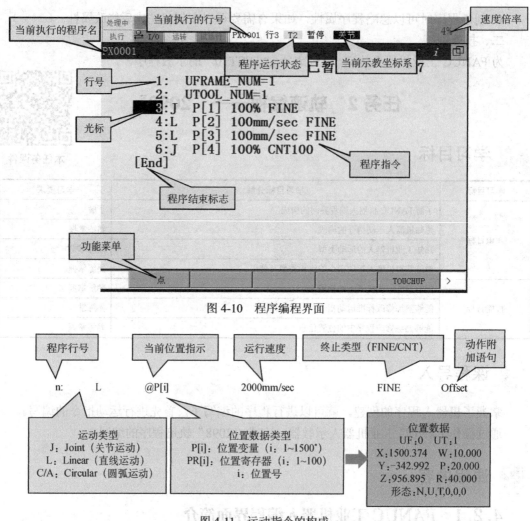

图 4-10　程序编程界面

图 4-11　运动指令的构成

表 4-2　FANUC 工业机器人运动类型

简称	名称	运动类型	说明
J	Joint	关节运动	工具在两个指定的点之间任意运动
L	Linear	直线运动（包括回转运动）	工具在两个指定的点之间沿直线运动
C	Circular	圆弧运动	工具在三个指定的点之间沿圆弧运动，都属于圆弧运
A	Arc	C 圆弧运动	动，两种不同的写法

1）Joint 关节运动

Joint 关节运动（如图 4-12 所示）是将机器人移动到指定位置的基本移动方法。机器人沿着所有轴同时加速，以示教速度移动后，同时减速后停止。移动轨迹通常为非线性。在对结束点进行示教时记述动作类型。关节移动速度的指定，以相对最大移动速度百分比来表示。移动中的工具的姿势不受控制。

关节运动程序如下：

```
1: JP[1] 80% FINE
2: JP[2] 90% FINE
```

88

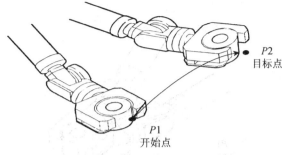

图 4-12 关节运动

2）Linear 直线运动

Linear 直线运动（如图 4-13 所示）是以线性方式对从动作开始点到结束点的 TCP 移动轨迹进行控制的一种移动方法。在对结束点进行示教时记述动作类型。直线移动的速度从 mm/sec、cm/min、inch/min 中予以选择。将开始点和目标点的姿势进行分割后对移动中的工具的姿势进行控制。

直线运动程序如下：

```
L P[1] 80% FINE
```

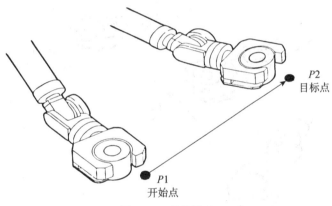

图 4-13 直线运动

回转运动（如图 4-14 所示）是使用直线运动，使机器人夹爪的姿势从开始点到结束点以 TCP 为中心回转的一种移动方法。将开始点和目标点的姿势进行分割后对移动中的工具姿势进行控制。此时，移动速度以 deg/sec 来表示。移动轨迹（TCP 移动的情况下）通过线性方式进行控制。

回转运动程序如下：

```
1：J P[1] 100% FINE
2：L P[2] 30deg/sec FINE
```

3）Circular 圆弧运动

Circular 圆弧运动（如图 4-15 所示）是从动作开始点通过经由点到结束点以圆弧方式对工具点移动轨迹进行控制的一种移动方法。其在一个指令中对经由点和目标点进行示教。圆弧移动的速度从 mm/sec、cm/min、inch/min 中予以选择。将开始点、经由点、目标点

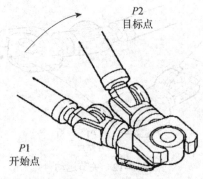

图 4-14 回转运动

的姿势进行分割后对移动中的工具姿势进行控制。

圆弧运动程序如下：

```
1: J P [1] 100% FINE
2: C P [2]
 : J P [3] 500mm/sec FINE
```

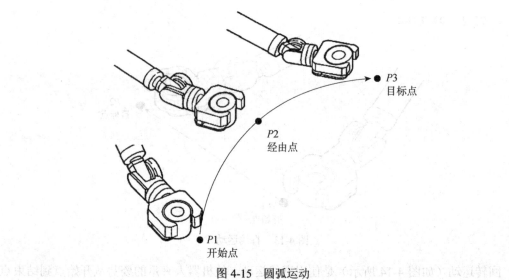

图 4-15 圆弧运动

※第三点的记录方法：记录完 P[2]后，会出现：

```
2: C P[2]
  P[…]  2000mm/sec FINE
```

将光标移至 P[…]行上，并示教机器人至所需要的 P[3]位置，按"SHIFT"+"F3"键记录该点即可。

4）C 圆弧运动

使用圆弧运动指令时，需要在一行中示教两个位置也即经由点和终点；使用 C 圆弧运动指令时，在一行中只示教一个位置，在连接由连续的三个 C 圆弧运动指令生成的圆弧的同时进行圆弧动作，如图 4-16 所示。

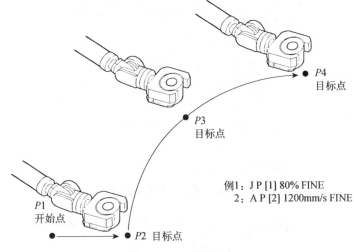

例1：J P [1] 80% FINE

2：A P [2] 1200mm/s FINE

图 4-16　C 圆弧运动

2. 位置数据类型 P[i]和 PR[i]

P[i]：一般位置。

例：J　P[1]　100%　FINE

PR[i]：位置寄存器。

例：J　PR[1]　100%　FINE

3. 速度单位

对应不同的运动类型，其速度单位不同。

J：%，m/sec

L、C、A：mm/sec，cm/min，inch/min，deg/sec，m/sec

4. 终止类型 FINE 和 CNT

（1）FINE：机器人在目标位置停止（定位）后，向下一个目标位置移动。

（2）CNT：机器人靠近目标位置，但是不在该位置停止而向下一个目标位置移动。靠近距离由 CNT 的值设定。对于绕过工件的运动，多点连续运行时过渡比较圆滑，CNT 使机器人运动看上去更连续。

例：

```
1：J P[1] 100%  FINE
2：L P[2] 2000mm/sec CNT100
3：J P[3] 100%  FINE
```

● 运动速度一定时，机器人运行轨迹如图 4-17 所示；

● CNT 值一定时，机器人运行轨迹如图 4-18 所示。

机器人靠近目标位置到什么程度，由 0～100 之间的值来定义。值的指定可以使用寄存器。CNT 值为 0 时，机器人在最靠近目标位置处动作，但是不在目标位置定位而开始下一个动作。值为 100 时，机器人在目标位置附近不减速而马上向下一个点开始动作，并通过最远离目标位置的点，如图 4-19 所示。

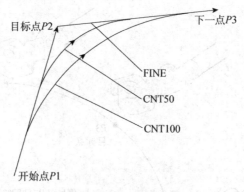

图 4-17　机器人运行轨迹 1

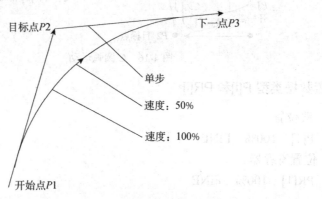

图 4-18　机器人运行轨迹 2

说明：

● 在指定了 CNT 的动作语句后，下一行若为等待或其他指令，标准设定下机器人会在拐角部分的轨迹处停止，再开始执行该指令；

● 在 CNT 方式下连续执行距离短而速度快的多个动作的情况下，即使 CNT 的值为 100，也会导致机器人减速。

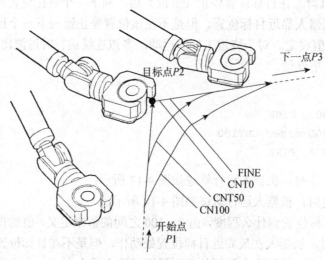

图 4-19　CNT 定位类型下的机器人动作

● 绕过工件的运动使用 CNT 作为运动终止类型，可以使机器人的运动看上去更连贯。当机器人末端执行器的姿势突变时，会浪费一些运行时间；而机器人末端执行器的姿势逐渐变化时，机器人可以运动得更快。因此，位置点的选取应注意以下几点：

a 用一个合适的姿势示教开始点；

b 用一个和示教开始点差不多的姿势示教最后一点；

c 在开始点和最后一点之间示教机器人，观察机器人夹爪的姿势是否逐渐变化；

d 不断调整，尽可能使机器人的姿势不要突变。

5. 附加动作语句

附加动作语句是在机器人动作中使其执行特定作业的指令，常用的附加动作语句有以下几种。

a 腕关节运动：Wjnt；

b 加速倍率：ACC；

c 转跳标记：SKIP，LBL[i]；

d 位置补偿：Offset；

e 直接位置补偿：Offset，PR[i]；

f 工具补偿：Toll_Offset；

g 直接工具补偿：Toll_Offset，PR[i]。

4.2.3　运动指令的示教操作

1. 记录位置点

示教机器人完成位置点的记录，操作步骤如下：

（1）按"EDIT"（编辑）键，进入编辑界面；

（2）示教机器人到合适的位置，按"F1"（POINT）键，显示标准动作指令格式，如图 4-20 所示；

（3）移动光标选择合适的标准动作指令格式，按"ENTER"键确认，该位置点记录完成，如图 4-21 所示。

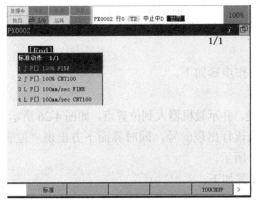

图 4-20　标准动作指令格式

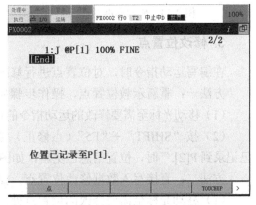

图 4-21　记录位置点

2. 修改标准动作指令

在上一步记录位置点时，可以对标准动作指令进行修改，操作步骤如下：

（1）在编辑界面下，按"F1"（POINT）键，显示标准动作指令，如图 4-22 所示；

（2）按"F1"（标准）键，修改动作类型，如图 4-23 所示；

（3）移动光标至需要修改的项，按"F4"（选择）键，进行参数的修改，或者用数字键输入数值进行修改，如图 4-23 所示；

（4）修改完成后按"F5"（完成）键，确认修改并退出修改界面，如图 4-24 所示；

（5）下次记录位置点时所显示的标准动作指令就是这次所修改的指令，如图 4-25 所示。

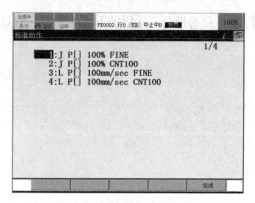

图 4-22　标准动作设置界面

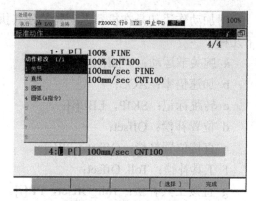

图 4-23　修改动作类型

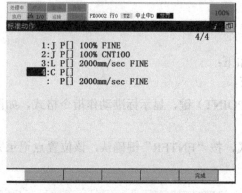

图 4-24　修改标准动作

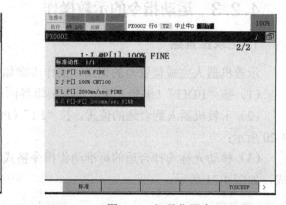

图 4-25　记录位置点

3. 修改位置点

在编写运动指令时，对位置点进行修改，操作步骤如下。

方法一：重新示教位置点，操作步骤如下。

（1）移动光标至需要修改的运动指令的行号处，并示教机器人到位置点，如图 4-26 所示；

（2）按"SHIFT"+"F5"（点修正）键，当该行出现@号，同时界面下方出现"位置已记录到 P[2]."时，位置信息已更新，如图 4-27 所示。

方法二：直接写入数据修改位置点，操作步骤如下。

（1）移动光标至需要修改的位置点处；

（2）按"F5"（位置）键，显示位置数据，如图 4-28 所示。

（3）位置数据可以以直角或关节的方式显示，可通过"F5"键进行切换。输入需要的新数据，如图 4-29 所示。

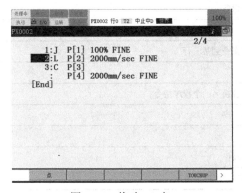
图 4-26 修改 P2 点

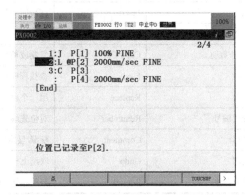
图 4-27 位置点修改完成

（4）修改完成后，按"F4"（完成）键，返回图 4-27 所示的界面。

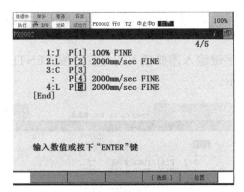
图 4-28 修改 P5 点

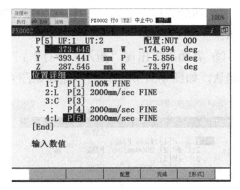
图 4-29 输入位置数据

4. 指令的编辑

进入编辑界面，按"F5"（编辑）键，若功能选项中无"编辑"项，按"NEXT"（下一页）键切换功能选项内容，弹出如图 4-30 所示的界面。

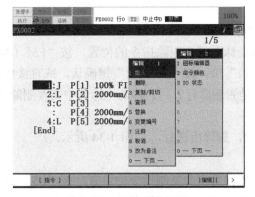
图 4-30 指令编辑界面

编辑各选项的含义见表 4-3（后三项不常用）。

表 4-3　编辑各选项的含义

选项	英文	含义
插入	Insert	在程序中插入空白行
删除	Delete	删除程序指令行
复制/剪切	Copy/Cut	复制或剪切程序指令到某一行
查找	Find	查找程序指令
替换	Replace	用一个程序指令替换另一个程序指令
变更编号	Renumber	对位置编号重新排序
注释	Comment	隐藏/显示注释
取消	Undo	取消上一步程序操作
改为备注	Remark	把程序指令改为备注或取消备注

（1）插入空白行，操作步骤如下：

① 在编辑界面移动光标至需要插入空白行的位置，按"F5"（编辑）键；

② 移动光标至"插入"项，按"ENTER"键确认，或直接按数字"1"键，如图 4-30 所示；

③ 界面下方出现"插入多少行？:"，用数字键输入需要插入的行数，按"ENTER"键确认，如图 4-31 所示。插入完成如图 4-32 所示。

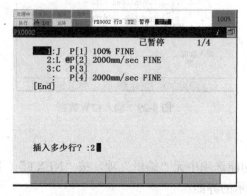

图 4-31　输入插入行数

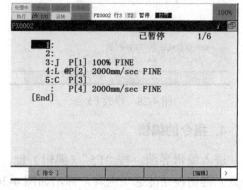

图 4-32　插入完成

（2）删除指令，操作步骤如下：

① 在编辑界面移动光标至需要删除指令的位置，按"F5"（编辑）键；

② 移动光标至"删除"项，按"ENTER"键确认，或直接按数字"2"键；

③ 界面下方出现"是否删除行？:"，移动光标选中需要删除的行（可以是单行或者多行），如图 4-33 所示；

④ 按"F4"（是）键，删除所选行，如图 4-34 所示。

（3）复制/剪切指令。

① 在编辑界面移动光标至需要复制指令的位置，按"F5"（编辑）键；

② 移动光标至"复制/剪切"项，按"ENTER"键确认，或直接按数字"3"键；

③ 界面下方出现"选择行"，按"F2"键，进入复制/剪切界面，如图 4-35 所示；

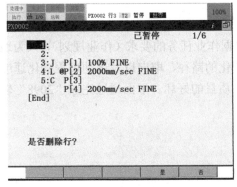

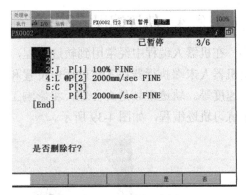

图 4-33 删除指令	图 4-34 选择删除行

④ 在图 4-35 所示的界面下，移动光标选择需要复制的指令，然后按"F2"（复制）键，复制或剪切指令；

⑤ 复制完成后，返回到上一个界面，即图 4-36 所示的界面，选择需要粘贴的行，按"F5"（粘贴）键；

⑥ 界面下方出现"在该行之前粘贴吗？"，如图 4-37 所示；

⑦ 选择合适的粘贴方式进行粘贴，粘贴完成如图 4-38 所示。粘贴方式如下。

- 逻辑（LOGIC）：不粘贴位置信息；
- 位置 ID（POSID）：粘贴位置信息和位置号；
- 位置数据（POSITION）：粘贴位置信息并生成新的位置号。

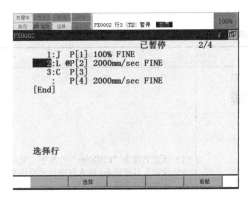

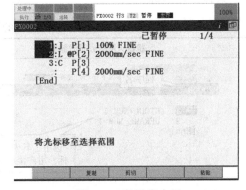

图 4-35 复制指令行	图 4-36 粘贴指令行

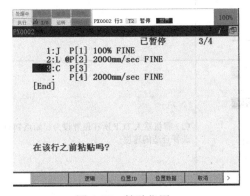

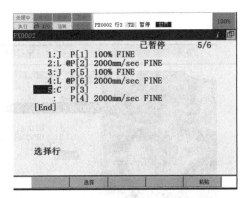

图 4-37 粘贴位置	图 4-38 粘贴完成

4.2.4 轨迹编程"2098"

在机器人编程中经常用到轨迹编程，需要根据作业任务的要求（作业规划），人为地设定机器人末端执行器在工作过程中位置和姿势变化的路径、取向以及运动过程变化速度和加速度等。轨迹规划是否合理，将影响工件加工质量的好坏。下面通过完成"2098"轨迹来练习轨迹编程，如图4-39所示。

图 4-39　2098 轨迹

1."2"的轨迹编程

具体操作步骤见表4-4。

表 4-4　"2"的轨迹编程的操作步骤

机器人形态或示教器界面	操作步骤
处理中　执行 1/0　0006 0 行　T2 结束　10%　程序名　PRO0006　1/3　1: UTOOL_NUM=1　2: UFRAME_NUM=1　[End]　选用工具坐标、用户坐标　[指令]　[编辑]　>	（1）新建名称为"PRO006"的程序，采用六点法设定工具坐标系，进入程序并选用该坐标系，选用用户坐标系1
TP - haiyitech - Robot Controller1　处理中　执行 1/0　运转　PRO006 0 行　T2　PRO0006　1: UTOOL_NUM=1　2: UFRAME_NUM=1　3:J @P[1] 100% FINE　[End]	（2）将机器人TCP所在位置设为起始点P[1]，选择合适的速度

续表

机器人形态或示教器界面	操作步骤
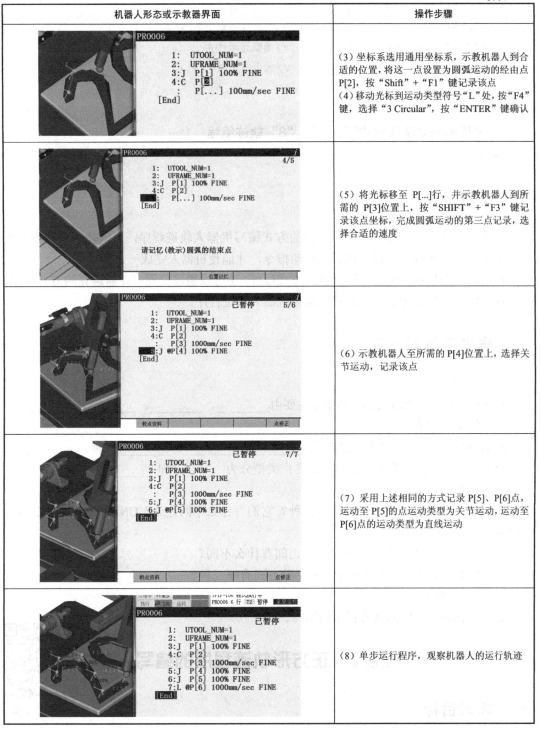 PRO006 1: UTOOL_NUM=1 2: UFRAME_NUM=1 3:J P[1] 100% FINE 4:C P[2] : P[...] 100mm/sec FINE [End]	（3）坐标系选用通用坐标系，示教机器人到合适的位置，将这一点设置为圆弧运动的经由点 P[2]，按"Shift"＋"F1"键记录该点 （4）移动光标到运动类型符号"L"处，按"F4"键，选择"3 Circular"，按"ENTER"键确认
PRO006　　　　　　　　　i 　　　　　　　　　　4/5 1: UTOOL_NUM=1 2: UFRAME_NUM=1 3:J P[1] 100% FINE 4:C P[2] : P[...] 100mm/sec FINE [End] 请记忆(教示)圆弧的结束点 位置记忆	（5）将光标移至 P[...]行，并示教机器人到所需的 P[3]位置上，按"SHIFT"＋"F3"键记录该点坐标，完成圆弧运动的第三点记录，选择合适的速度
PRO006　　　　已暂停　　i 　　　　　　　　　　5/6 1: UTOOL_NUM=1 2: UFRAME_NUM=1 3:J P[1] 100% FINE 4:C P[2] : P[3] 1000mm/sec FINE 5:J @P[4] 100% FINE [End] 教点资料　　　　　　　点修正	（6）示教机器人至所需的 P[4]位置上，选择关节运动，记录该点
PRO006　　　　已暂停 　　　　　　　　　　7/7 1: UTOOL_NUM=1 2: UFRAME_NUM=1 3:J P[1] 100% FINE 4:C P[2] : P[3] 1000mm/sec FINE 5:J P[4] 100% FINE 6:J @P[5] 100% FINE [End] 教点资料　　　　　　　点修正	（7）采用上述相同的方式记录 P[5]、P[6]点，运动至 P[5]的点运动类型为关节运动，运动至 P[6]点的运动类型为直线运动
执行　　　　　　　PRO006 6 行 T2 暂停 　　　　　　已暂停 1: UTOOL_NUM=1 2: UFRAME_NUM=1 3:J P[1] 100% FINE 4:C P[2] : P[3] 1000mm/sec FINE 5:J P[4] 100% FINE 6:J P[5] 100% FINE 7:L @P[6] 1000mm/sec FINE [End]	（8）单步运行程序，观察机器人的运行轨迹

说明：在本任务中用到的终止语句均为 FINE，思考一下，是否可以用 CNT？

参考程序：

```
1: UTOOL_NUM=1;                    //选用合适的工具坐标系
```

```
2：UFRAME_NUM=1；                        //选用合适的用户坐标系
3：J P[1] 100% FINE   ；                 //关节运动过 P[1]点
4：C P[2]                                //圆弧运动经由 P[2]点
  : P[3] 1000mm/sec FINE    ；          //圆弧运动终点
5：J P[4] 100% FINE   ；                 //关节运动过 P[4]点
6：J P[5] 100% FINE   ；
7：L P[6] 1000mm/sec FINE   ；
```

2. 用相同的方法完成 "0"、"9"、"8" 轨迹编程

（略）。

 课程总结

在本任务中，主要介绍了通过示教的方式编写机器人轨迹程序，运动指令是机器人编程的基础，只有熟练地掌握了机器人运动指令，才能使机器人完成一系列动作。

机器人轨迹程序的编写除了示教的方式以外，还可以通过位置寄存器运算的方式完成，下一任务中将介绍通过运算的方式来编写机器人轨迹程序。

 思考与练习 4-2

一、填空

1. FANUC 工业机器人的运动指令主要由_____、_____、_____、_____、_____等部分组成。

2. FANUC 工业机器人运动类型有_____、_____、_____三种。

3. FANUC 工业机器人运动指令的终止类型分为_____和_____两种。

二、问答题

1. 机器人运动指令终止类型有哪两种？它们有什么不同之处？CNT0 等于 FINE 吗？CNT 的值可以为 150 吗？

2. 机器人运动类型有哪几种？它们之间有什么不同？

3. FANUC 工业机器人动作指令的粘贴方式有哪三种？

三、技能训练

完成 "2098" 完整的轨迹程序的编写。

任务 3   正方形轨迹程序的编写

本任务课件

 学习目标

学习目标	学习目标分解	学习要求
知识目标	熟练掌握机器人位置资料的使用	熟练掌握
	熟知 FANUC 机器人寄存器指令的使用	熟练掌握
	熟知常用运动附加语句的使用	熟练掌握

续表

学习目标	学习目标分解	学习要求
技能目标	能够熟练完成位置寄存器的运算	熟练掌握
	能够熟练完成轨迹的运算	熟练掌握

 课程导入

以示教的方式编写轨迹程序是比较常用的编程方法,位置点是通过示教的方式得到的,当然也可以通过运算的方式来得到,这就是本任务将介绍的内容。

本任务的实施过程基于 FANUC 工业机器人教学工作站,通过操作 FANUC 工业机器人示教器,完成边长为 100mm 的正方形轨迹程序的编写。

 课程内容

4.3.1　FANUC 工业机器人位置资料认知

位置资料用于存储机器人的位置和姿势。在对动作指令进行示教时,位置资料同时被写入程序。位置资料有两种表示形式,一种是基于关节坐标系的关节坐标值,另一种是通过作业空间内的工具位置和姿势来表示的直角坐标值。标准设定下将直角坐标值作为位置资料来使用。

1．直角坐标值

基于直角坐标值的位置资料通过 4 个要素来定义,即直角坐标系中的工具中心点(工具坐标系原点)位置、工具方向(工具坐标系)的姿势、形态、所使用的直角坐标系。直角坐标系中使用世界坐标系或用户坐标系。直角坐标值的构成如图 4-40 所示。

$$\underset{\substack{\text{用户坐标系编号}\\ \text{工具坐标系编号}}}{U_{\text{F}},\ U_{\text{T}},}\quad \underset{\text{位置}}{(x,\ y,\ z,}\quad \underset{\text{姿势}}{w,\ p,\ r),}\quad \underset{\text{形态}}{形态}$$

图 4-40　直角坐标值的构成

1)位置和姿势

● 位置(x, y, z),以空间坐标值来表示直角坐标系中的工具中心点位置;

● 姿势(w, p, r),以直角坐标系中的 X、Y、Z 轴的回转角来表示。

机器人坐标系如图 4-41 所示。

2)形态

形态(Configuration)是指机器人主体部分的姿势,如图 4-42 所示;有多个满足直角坐标值(x, y, z, w, p, r)条件的形态;要确定形态,需要指定每个轴的关节配置(Joint Placement,如图 4-43 所示)和回转数(Turn Number)。

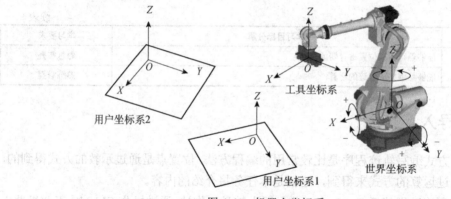

图 4-41　机器人坐标系

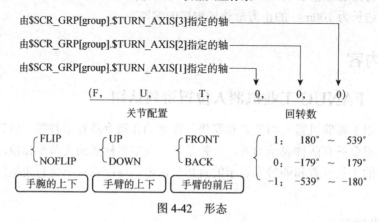

图 4-42　形态

（1）关节配置。

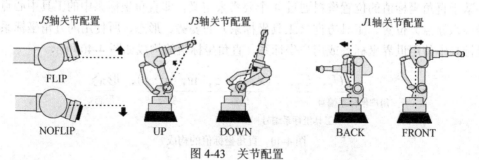

图 4-43　关节配置

关节配置表示手腕和手臂的配置，指定手腕和手臂的控制点相对控制面偏转的方向。当控制面上控制点相互重叠时，机器人位于奇异点。如图 4-44 所示，六轴机器人在以下三种情况下会出现奇异点：

① $J4$ 轴和 $J6$ 轴同轴，即 $J5$ 轴处于零度位置；

② $J1$ 轴和 $J6$ 轴同轴；

③ $J5$ 轴中心与 $J2$、$J3$ 轴共面。

奇异点处由于存在着多种基于指定直角坐标值的形态，应注意以下几点：

● 不能把机器人奇异点作为运动指令的终点，否则机器人无法运行；

● 在直线、圆弧或 C 圆弧动作中，机器人所通过路径上不允许有奇异点。

（a）J4 轴和 J6 轴同轴

（b）J1 轴和 J6 轴同轴

（c）J5 轴中心与 J2、J3 轴共面

图 4-44　出现奇异点的情况

（2）回转数。

回转数表示手腕轴（通常为 J4、J5、J6 轴，可通过系统设置进行修改）的回转数。这些轴回转一周后返回相同位置，指定回转几周。当机器人各轴处于 0°的姿势时，回转数为 0。

在执行直线、圆弧或者 C 圆弧动作时，机器人在选取离开始点的姿势最接近姿势的同时向目标点方向移动。此时，目标点的回转数将被自动选定，所以在目标点位置的机器人实际回转数，在某些情况下会与所示教的位置资料的回转数不同。

3）工具坐标系编号（UT）

工具坐标系编号，由机械接口坐标系或工具坐标系的坐标系编号指定，机器人所选取的工具由此而确定。

- 0：使用机械接口坐标系；
- 1～10：使用所指定的工具坐标系编号的工具坐标系；
- F：使用当前所选的工具坐标系编号的坐标系。

4）用户坐标系编号（UF）

用户坐标系编号，由世界坐标系或用户坐标系的坐标系编号指定，作业空间的坐标系由此而确定。

- 0：使用世界坐标系；
- 1～9：使用所指定的用户坐标系编号的用户坐标系；
- F：使用当前所选的用户坐标系编号的坐标系。

2. 关节坐标值

基于关节坐标值的位置资料，以各关节的基座侧的关节坐标系为基准，用回转角来表示。关节坐标值如图 4-45 所示。

$$\underbrace{(J1,\ J2,\ J3,}_{\text{基本轴}}\ \underbrace{J4,\ J5,\ J6,}_{\text{手腕轴}}\ \underbrace{E1,\ E2,\ E3)}_{\text{附加轴}}$$

图 4-45　关节坐标值

3. 详细位置资料

详细位置资料，通过按下"F5"（位置）键予以显示，如图 4-46 所示。

按下"F5"（形式）键，进行直角坐标值、关节坐标值的切换。

P[1] GP1UF:0	UT:1		姿势:NUT 000	
X 1087.403	mm	W	175.045	deg
Y .000	mm	P	-89.490	deg
Z 1033.253	mm	R	4.955	deg

图 4-46　位置资料

4．位置变量和位置寄存器

在动作指令中，位置资料以位置变量（P[i]）或位置寄存器（PR[i]）来表示，如图 4-47 所示。标准设定下使用位置变量。

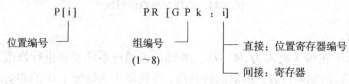

图 4-47　位置变量与位置寄存器

例：

1: J P [12] 30% FINE

2: L PR [1] 300mm/sec CNT50

3: L PR [R[3]] 300mm/sec CNT50

1）位置变量——P[i]

位置变量是标准的位置资料存储变量。在对动作指令进行示教时，自动记录位置资料。在进行直角坐标值的示教时，使用如下直角坐标系和坐标系编号：

- 当前所选的工具坐标系编号的坐标系（UT＝1～10）；
- 当前所选的用户坐标系编号的坐标系（UF＝0～9）。

再现时使用如下直角坐标系和坐标系编号：

- 所示教的工具坐标系编号的坐标系（UT＝1～10）；
- 所示教的用户坐标系编号的坐标系（UF＝0～9）。

2）位置寄存器——PR[i]

位置寄存器是用来存储位置资料的通用存储变量。在进行直角坐标值的示教时，使用如下直角坐标系和坐标系编号：

- 当前所选的工具坐标系编号的坐标系（UT＝F）；
- 当前所选的用户坐标系编号的坐标系（UF＝F）；

再现时使用如下直角坐标系和坐标系编号：

- 当前所选的工具坐标系编号的坐标系（UT＝F）；
- 当前所选的用户坐标系编号的坐标系（UF＝F）。

在位置寄存器中，可通过选择群组编号而仅使某一特定动作组动作。

（3）位置编号——i

位置编号是用来参照位置变量的编号。在每次为程序示教动作指令时位置编号都被自动配置，第一次配置 P[1]，第二次配置 P[2]，以此类推。

　　追加动作指令时，该位置编号被累加到之前被追加的动作指令的位置编号上，与程序中记述的场所无关。但是，在改变了编号的情况下则不受此限制。

　　位置即使被擦除，其他示教点的位置编号则依然保持不变；但是，在改变了编号的情况下则不受此限制。

　　可为位置编号和位置寄存器编号添加注解，注解最多为 16 个字符。将光标指向位置编号/位置寄存器编号的位置，按下"ENTER"键，即可输入注解。

　　例：

```
4: J P [11: access point] 30% FINE
5: L PR[1: prepare point] 300mm/sec CNT50
```

4.3.2　寄存器指令的使用

　　寄存器指令是进行寄存器算术运算的指令。

1. 寄存器的运算

　　寄存器的运算支持"+""－""*""/""MOD 两值相除后的余数""DIV 两值相除后的整数"四则运算和多项式运算。例如：R[12]=R[2]*100/R[6]。

　　注意：

　　a）一行中最多可以添加 5 个运算符；

　　例：R[2]=R[3]+R[4]+R[5]+R[6]+R[7]+R[8]

　　b）运算符"+""－""*""/"可以混合使用。

2. 寄存器类型

　　常用寄存器有一般寄存器、位置寄存器和字符串寄存器三种。

　　1）一般寄存器

　　一般寄存器符号是 R[i]，其中 i=1，2，3....，是寄存器号。R[i]可以是常数 Constant、寄存器值 R[j]、信号状态 DI[i]、程序计时器的值 Timer[i]。

　　（1）R[i] =（值）。

　　R[i] =（值）指令，将某一值代入数值寄存器，数值的类型如图 4-48 所示。

　　例：

```
1: R [ 1 ] = RI [ 3 ]
2: R [ R [ 4 ] ] = AI [ R [ 1 ] ]
```

　　（2）R[i] =（值）+（值）。将 2 个值的和代入数值寄存器，表示形式如图 4-49 所示。

　　R[i] =（值）－（值）。将 2 个值的差代入数值寄存器。

　　R[i] =（值）*（值）。将 2 个值的积代入数值寄存器。

　　R[i] =（值）/（值）。将 2 个值的商代入数值寄存器。

　　R[i] =（值）MOD（值）。取余，将 2 个值的余数代入数值寄存器。

　　R[i] =（值 x）DIV（值 y）。取整，将 2 个值的商的整数部分代入数值寄存器。R[i] =（x-（x MOD y））/y。

例：

```
3: R[3: flag]=DI[4]+PR[1, 2]
4: R[R[4]]=R[1]+1
```

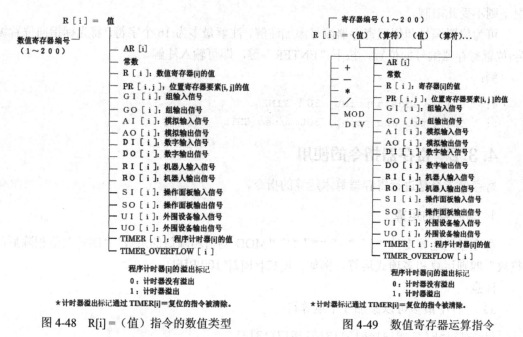

图 4-48 R[i] =（值）指令的数值类型

图 4-49 数值寄存器运算指令

2）位置寄存器

位置寄存器 PR[i]是记录位置信息的寄存器，其中 i 为位置寄存器号。位置寄存器可以进行加减运算，用法与一般寄存器类似。PR[i，j]是记录位置信息的参数的寄存器，表示形式如图 4-50 所示。

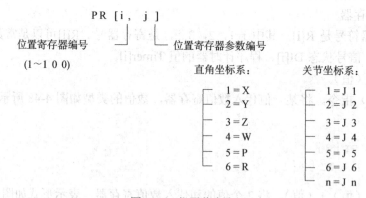

图 4-50 位置信息表示

例：

P[4，2]，对于直角坐标系，表示 4 号位置寄存器，Y 方向的数据。

（1）PR[i]=（值）。PR[i]=（值）指令，将位置资料代入位置寄存器，如图 4-51 所示。

$$PR\ [i] = （值）$$

位置寄存器编号
(1～1 0 0)

——PR　[i]：位置寄存器[i]的值
——P　[i]：程序内的示数位置[i]的值
——LPOS：当前位置的直角坐标值
——JPOS：当前位置的关节坐标值
——UFRAME[i]：用户坐标系[i]的值
——UTOOL[i]：工具坐标系[i]的值

图 4-51　PR[i]＝（值）指令

例：

1：PR［1］= LPOS　　　　　　　　　　　//将直角坐标值赋值给 PR[1]
2：PR［R［4］］= UFRAME［R［1］］
3：PR［GP1：9］= UTOOL［GP1：1］

（2）PR[i]=（值）+（值）。PR[i]运算指令如图 4-52 所示。

PR[i]=（值）+（值）指令，代入 2 个值的和。

PR[i]=（值）-（值）指令，代入 2 个值的差。

例：

4：PR[3] = PR[3]+LPOS
5：PR[4] = PR[[R［1］]

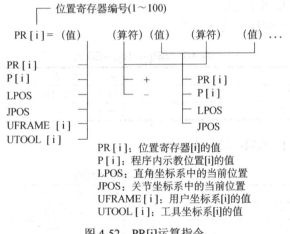

图 4-52　PR[i]运算指令

3）字符串寄存器

字符串寄存器，存储字符串。每个字符串寄存器最多可以存储 254 个字符。字符串寄存器的标准个数为 25 个。字符串寄存器数可在控制启动时增加。

（1）SR[i]=（值）。SR[i]=（值）指令，将字符串寄存器要素代入字符串寄存器。

可将数值数据变换为字符串数据，小数以小数点以下 6 位数四舍五入。

可将字符串数据变换为数值数据，变换为字符串中最初出现字符前存在的数值。

例：SR[i]=R[j]，见表 4-5。

表 4-5　SR[i]=R[j]

R［j］的值	SR［i］的结果
R［j］=1234	SR［i］=//1234//
R［j］=12.34	SR［i］=//12.34//
R［j］=5.123456789	SR［i］=//5.123457//

例：R[i]=SR[j]，见表 4-6。

表 4-6　R[i]=SR[j]

SR［j］的值	R［i］的结果
SR［j］=//1234//	R［i］=1234
SR［j］=//12.34//	R［i］=12.34
SR［j］=//765abc//	R［i］=765
SR［j］=//abc//	R［i］=0

（2）SR[i]=（值）（算符）（值）。SR[i]=（值）（算符）（值）指令，将 2 个值结合起来，并将该运算结果代入字符串寄存器。

数据型字符串在各运算中，依赖于（算符）左侧的（值）。

左侧的（值）若是字符串数据，则将字符串相互结合起来。

左侧的（值）若是数值数据，则进行算术运算。此时，右侧的（值）若是字符串，最初出现字符之前的数值用于运算。

例：SR[i]=R[j]+SR[k]，见表 4-7。

表 4-7　SR[i]=R[j]+SR[k]

R［j］、R［k］的值	SR［i］的结果
R［j］=123.456+SR［k］=//345.678//	SR［i］=//456.134//
R［j］=456+SR［k］=//1abc2//	SR［i］=//457//

例：SR[i]=SR[j]+R[k]，见表 4-8。

表 4-8　SR[i]=SR[j]+R[k]

SR［j］、R［k］的值	SR［i］的结果
SR［j］=//123.//+R［k］=456	SR［i］=//123.456//
SR［j］=//def//+R［k］=81573	SR［i］=//def81573//

说明：对字符串寄存器赋值，值若超过 254 个字符，示教器输出"INTP-323 数值溢出"。

（3）R[i]=STRLEN（值）。R[i]=STRLEN（值）指令，计算值的长度，将其结果代入寄存器。

例：R[i]=STRLEN SR[j]，见表 4-9。

表 4-9　R[i]=STRLEN SR[j]

SR［j］的值	R［i］的结果
SR［j］=//abcdefghij//	R［i］=10
SR［j］=//abc1，2，3，4，5，6，de//	R［i］=17
SR［j］=////	R［i］=0

（4）R[i]＝FINDSTR（值）（值）。第 1 个（值）表示"对象字符串"，第 2 个（值）表示"检索字符串"。

R[i]＝FINDSTR（值）（值）指令，从成为对象的字符串中检索出检索字符串。取得是否在成为对象的字符串的第几个字符中找到检索字符串，将其结果代入寄存器。对于大写字母和小写字母不予区分。若没有找到检索字符串时，输出"0"。

例：R[i]＝FINDSTR SR[j]，SR[k]，见表 4-10。

表 4-10　R[i]=FINDSTR SR[j]，SR[k]

SR［k］的值，SR［j］=//findthischaracter//（寻找此字符串）	R［i］的结果
SR［k］=//find//（寻找）	R［i］=1
SR［k］=//character//（字符串）	R［i］=10
SR［k］=//nothing//（找不到）	R［i］=0
SR［k］=////	R［i］=0

（5）SR[i]＝SUBSTR（值）（值）（值）。第 1 个（值）表示"对象字符串"，第 2 个（值）表示"始点位置"，第 3 个（值）表示"字符串的长度"。SR[i]＝SUBSTR（值）（值）（值）指令，从对象字符串中取得部分字符串，将其结果代入字符串寄存器。部分字符串，根据从对象值的第几个字符这样的始点位置、以及部分字符串的长度来决定。

例：SR[i]＝SUBSTR SR[j]，R[k]，R[l]，见表 4-11。

表 4-11　SR[i]=SUBSTR SR[j]，R[k]，R[l]

R［k］，R［l］的值，SR［j］=//This stringwill bebrokenapart.//（找出此字符串）	SR［i］的结果
R［k］=1，R［l］=2	SR［i］=//This//（此）
R［k］=10，R［l］=7	SR［i］=//apart//（找出）
R［k］=5，R［l］=0	SR［i］=////

4.3.3　正方形轨迹编程

新建机器人程序，程序名称为"PRO004"，编写机器人程序使机器人 TCP 形成正方形轨迹，正方形的边长为 100mm。正方形轨迹如图 4-53 所示。

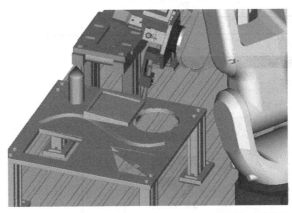

图 4-53　正方形轨迹

正方形轨迹编程的操作步骤见表 4-12。

表 4-12　正方形轨迹编程的操作步骤

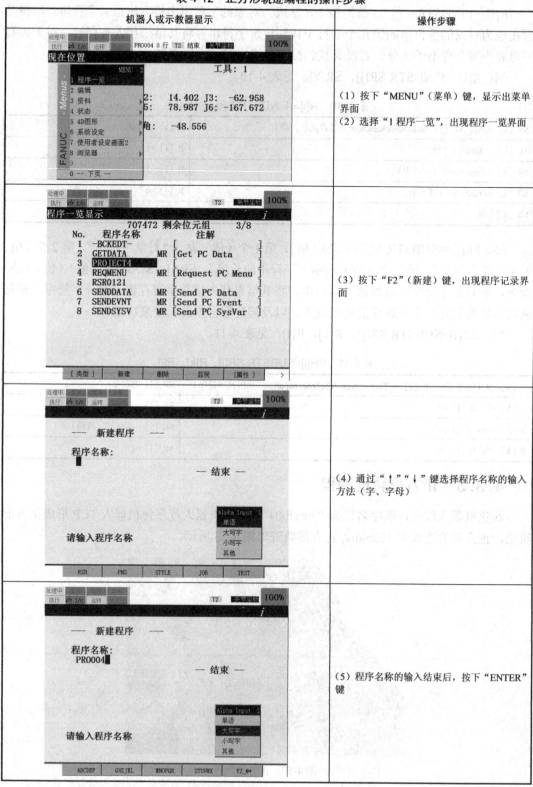

机器人或示教器显示	操作步骤
	（1）按下"MENU"（菜单）键，显示出菜单界面 （2）选择"1 程序一览"，出现程序一览界面
	（3）按下"F2"（新建）键，出现程序记录界面
	（4）通过"↑""↓"键选择程序名称的输入方法（字、字母）
	（5）程序名称的输入结束后，按下"ENTER"键

续表

机器人或示教器显示	操作步骤
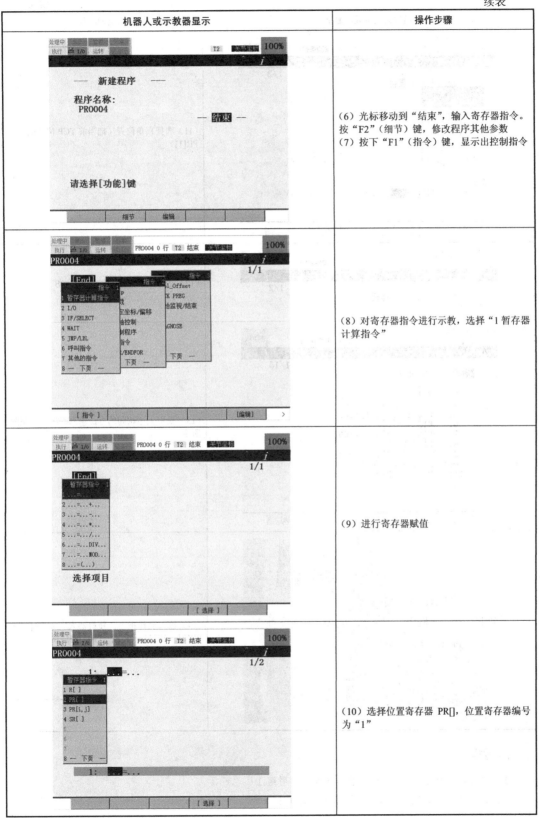	（6）光标移动到"结束"，输入寄存器指令。按"F2"（细节）键，修改程序其他参数 （7）按下"F1"（指令）键，显示出控制指令
	（8）对寄存器指令进行示教，选择"1 暂存器计算指令"
	（9）进行寄存器赋值
	（10）选择位置寄存器 PR[]，位置寄存器编号为"1"

续表

机器人或示教器显示	操作步骤
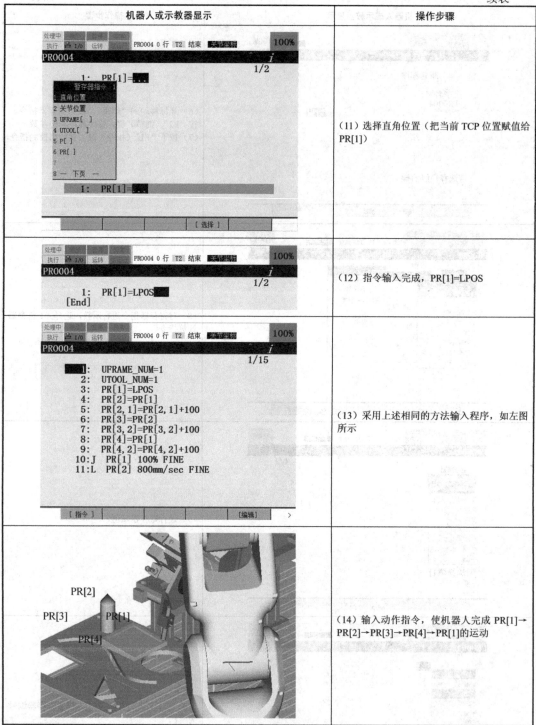	（11）选择直角位置（把当前 TCP 位置赋值给 PR[1]）
	（12）指令输入完成，PR[1]=LPOS
	（13）采用上述相同的方法输入程序，如左图所示
	（14）输入动作指令，使机器人完成 PR[1]→PR[2]→PR[3]→PR[4]→PR[1]的运动

参考程序：

1: UFRAME_NUM=1; //用户坐标系编号选用组 1

2: UTOOL_NUM=1; //工具坐标系编号选用组 1

```
3: PR[1]=LPOS     ; //把当前 TCP 的位置赋值给 PR[1]
4: PR[2]=PR[1]    ; //PR[1]赋值给 PR[2]
5: PR[2, 1]=PR[2, 1]+100    ; //PR[2]在 X 轴上的值加 100
6: PR[3]=PR[2]    ; // PR[2]赋值给 PR[3]
7: PR[3, 2]=PR[3, 2]+100    ; //PR[3]在 Y 轴上的值加 100
8: PR[4]=PR[1]    ; //PR[1]赋值给 PR[4]
9: PR[4, 2]=PR[4, 2]+100    ; //PR[4]在 Y 轴上的值加 100
10: J PR[1] 100% FINE    ; //完成正方形轨迹的运动
11: L PR[2] 800mm/sec FINE    ;
12: L PR[3] 800mm/sec FINE    ;
13: L PR[4] 800mm/sec FINE    ;
14: L PR[1] 800mm/sec FINE    ;
```

4.3.4　动作附加指令介绍

如果进行动作附加指令的示教，将光标指向动作指令后，按下"F4"（选择）键，显示出动作附加指令一览界面，选择相应的动作附加指令，如图 4-54 所示。

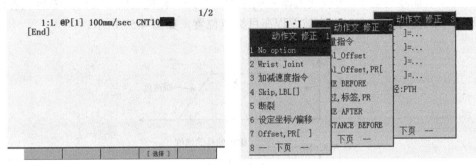

图 4-54　选择动作附加指令

1）腕关节运动指令：Wrist Joint

腕关节运动指令如图 4-55 所示。

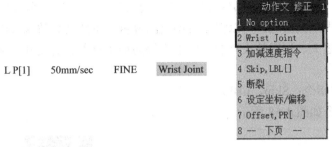

图 4-55　腕关节运动指令

腕关节运动是指不在轨迹控制动作中对机械手腕的姿势进行控制（标准设定下设定为在移动中始终控制机械手腕的姿势），在指定直线动作、圆弧动作或者 C 圆弧动作时使用该指令。由此，虽然机器人手腕的姿势在动作中发生变化，但是，不会引起因机器人手腕轴特异点而造成的机器人手腕轴的反转动作，从而使工具中心（TCP）沿着编程轨迹运动。

2）加减速度指令：ACC

加减速度指令如图 4-56 所示。

J P[1] 50% FINE ACC80

图 4-56 加减速度指令

加减速倍率是指机器人动作中的加减速所需时间的比率，是一种从根本上延缓机器人动作的功能。减小加减速倍率时，加减速时间将会延长（慢慢地进行加速/减速）。例如，在进行舀热水等有潜在危险动作的情况下，加减速倍率小于 100%。增大加减速倍率时，加减速时间将会缩短（快速进行加速/减速）。对于动作非常慢的部分，或者需缩短节拍时间时，加减速倍率应大于 100%。

通过调节加减速倍率，可以使机器人从开始位置到目标位置的移动时间缩短或者延长，加减速倍率的值为 0～150%，它被编程在目标点位置，如图 4-57 所示。

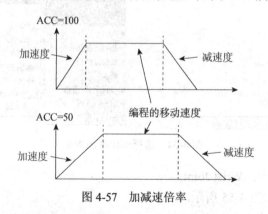

图 4-57 加减速倍率

注意：设定加速度倍率大于 100% 时，有时会引起机器人不灵活的动作和振动。此时，一次电源瞬间有大电流流通，所以根据设备电源容量，可能会导致输入电压下降，发出电源报警，或误差过大、伺服放大器的电压下降等的伺服报警。需要降低加减速倍率值，或删除加减速度指令。

3）转跳标记指令：Skip, LBL[]

转跳标记指令如图 4-58 所示。

SKIP CONDITION [I/O]=[值]

J P[1] 50% FINE Skip, LBL[5]

图 4-58 转跳标记指令

转跳标记（如图 4-59 所示）是指机器人向目标位置移动的过程中，跳过条件满足时，机器人在中途取消动作，执行下一行的程序语句。在跳过条件尚未满足的情况下，在结束机器人的动作后，跳到目的地语句行。

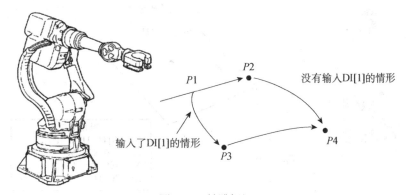

图 4-59　转跳标记

例：

```
1: SKIP CONDITION DI [1] = ON
2: JP [1] 100% FINE
3: LP [2] 1000 mm/sec FINE Skip, LBL [1]
4: JP [3] 50% FINE
5: LBL[1]
6: JP [4] 50% FINE
```

4）位置补偿指令：Offset

位置补偿指令如图 4-60 所示。

OFFSET CONDITION PR [2]
J P [1]　50%　FINE　Offset
或 J　P [1] 50% FINE　Offset，PR [2]

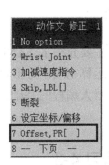

图 4-60　位置补偿指令

位置补偿是指在位置资料中所记录的目标位置，使机器人移动到仅偏移位置补偿条件中所指定的补偿量后的位置。偏移的条件由位置补偿条件指令来指定。

位置补偿条件指令，预先指定位置补偿指令中所使用的位置补偿条件。位置补偿条件指令必须在执行位置补偿指令前执行。曾被指定的位置补偿条件，在程序执行结束或者执行下一个位置补偿条件指令之前有效。

位置补偿条件指令有如下要素（如图 4-61 所示）：

● 位置寄存器指定偏移的方向和偏移量；

- 在位置资料为关节坐标值的情况下，使用关节的偏移量；
- 在位置资料为直角坐标值的情况下，指定作为基准的用户坐标系（UFRAME）。

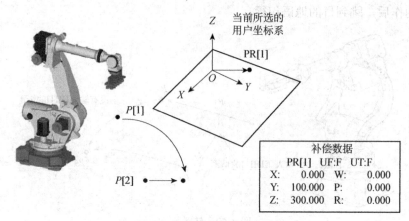

图 4-61　位置补偿条件指令

例 1：

```
1: OFFSET CONDITION PR[1]
2: J P[1] 100% FINE
3: L P[2] 500mm/sec FINE Offset
```

例 2：

```
1: J P[1] 100% FINE
2: L P[2] 500mm/sec FINE Offset, PR[1]
```

 课程总结

在本任务中，主要介绍了 FANUC 工业机器人的位置资料和寄存器指令的使用，以及通过位置寄存器的运算完成正方形轨迹程序的编写。

轨迹编程是机器人编程的基础，只有熟练掌握了轨迹编程才可以完成其他复杂应用程序的编写。

思考与练习 4-3

一、填空

1. FANUC 工业机器人基于直角坐标值的位置资料，是通过＿＿＿＿＿、＿＿＿＿＿、＿＿＿＿＿、＿＿＿＿＿四个要素来定义的。
2. FANUC 工业机器人位置资料的形态是指＿＿＿＿＿＿＿＿＿＿＿＿＿＿＿的姿势。
3. 计算：9　MOD　5　=＿＿＿＿＿。
4. 计算：18　DIV　5　=＿＿＿＿＿。

二、问答题

1. 六轴机器人在什么种情况下会出现奇异点？

2. 加减速倍率值的范围是多少？

3. FANUC 工业机器人中 P 和 PR 代表什么？它们之间有什么不同？

三、判断题

1. 可以把机器人奇异点作为运动指令的终点。(　　)

2. 在直线、圆弧或 C 圆弧动作中，机器人所通过路径上不允许有奇异点。在这种情况下，可使用关节运动指令。在通过手腕轴奇异点的情况下，还可以使用手腕关节运动指令（Wrist Joint）。(　　)

四、技能训练

1. 编写程序，使机器人完成正方体的轨迹，机器人 TCP 运行轨迹如图 4-62 所示。

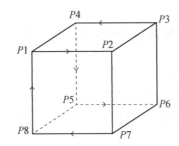

$P1 \rightarrow P2 \rightarrow P3 \rightarrow P4 \rightarrow P5 \rightarrow P6 \rightarrow P7 \rightarrow P8 \rightarrow P1$

图 4-62　TCP 运行轨迹

2. 编写程序，使机器人完成圆形轨迹，圆形的半径为 100mm。

3. 用运动附加指令 Offset 完成正方形轨迹程序的编写。

任务 4　FANUC 工业机器人程序设计及运行

本任务课件

 学习目标

学习目标	学习目标分解	学习要求
知识目标	熟练掌握 FANUC 工业机器人程序的启动方式	熟练掌握
	了解 FANUC 工业机器人动作指令的设计原理	了解
	了解人为停止程序运行的方法	了解
	熟练掌握 FANUC 工业机器人测试运行的方法	熟练掌握
技能目标	能够熟练恢复因急停造成程序暂停的运行	熟练掌握
	能够熟练地测试和运行 FANUC 工业机器人程序	熟练掌握

 课程导入

上一任务介绍了轨迹程序的编写，在编写时应注意什么呢？

本任务的实施过程基于 FANUC 机器人教学工作站，运行前两个任务所编写的机器人程序，并掌握程序暂停和重新启动的方法。

课程内容

4.4.1　程序的设计

在编写机器人程序时，首先需要根据任务要求对程序进行设计，轨迹程序中往往需要对动作指令和位置点进行提前规划，下面介绍轨迹程序设计的注意事项。

1．动作指令

在对机器人进行动作的示教时，需要对动作指令进行设计。

1）工件抓取位置=FINE

机器人抓取工件时，为了使机器人准确停止在工件抓取位置，抓取位置点必须使用"FINE"定位形式。

2）围绕工件周围运动=CNT

围绕工件周围的动作，应使用"CNT"定位类型。机器人不在示教点停止，而朝着下一个目标准点连续运动。机器人在工件附近运动的情况下，应调整 CNT 定位的路径，如图 4-63 所示。

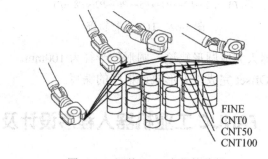

图 4-63　调整 CNT 定位的路径

3）不改变工具的姿势

大幅度改变工具姿势的动作，将会导致循环时间加长。平顺地稍许改变工具的姿势，机器人将会进行更加快速地移动。要缩短循环时间，应以尽量不改变工具姿势的方式进行示教。在需要大幅度改变工具姿势的情况下，若将其分割为几个动作进行示教，将会缩短循环时间，如图 4-64 所示。不应在每次的动作中大幅度改变工具姿势。

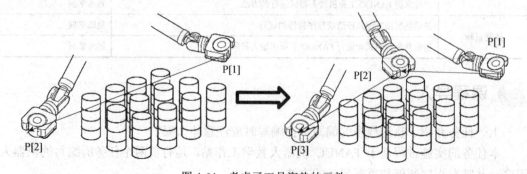

图 4-64　考虑了工具姿势的示教

要尽量平顺地改变机械夹爪的姿势，可按以下步骤完成：

● 应以使机器人成为正确姿势的方式对最初位置进行示教；

● 应以手动示教的方式使机器人移动到希望示教的最后位置，并确认机器人已经获得正确的姿势；

● 对该点进行示教；

● 在最初位置和最后位置之间，根据作业情况对位置进行示教；

● 选择直角坐标系（世界、用户或者点动坐标系），使机器人以点动进给方式移动到最初位置；

● 选择直角坐标系，以点动进给方式使机器人移动到最后位置，并在下一个示教位置使机器人停下；

● 对该示教位置进行修改，以使机器人获得一个正确的位置姿势。

2. 预定位置

预定位置（已设定位置）可以在程序中使用。预定位置是指在程序中经常使用的位置。频繁使用的预定位置是原点位置和参考位置。为有效创建程序、缩短循环时间，应定义这些预定位置。

1）原点位置（作业原点）

原点位置（作业原点），是在所有作业中成为基准的位置。这是离开机床或其他外围设备的可动区域的安全位置。

2）参考位置

参考位置，是离开机床和工件搬运的路径区域的安全位置。

3）其他预定位置

预定位置可相对任何位置进行定义，而与原点位置和参考位置无关。程序中频繁使用的位置，应作为预定位置予以设定。

4.4.2　程序的执行

在学习轨迹程序时，应了解 FANUC 工业机器人程序的执行过程。

1. 程序启动

FANUC 工业机器人程序的启动运行可借助示教器、控制柜操作面板和外围设备（外围设备的启动下章学习）等完成，启动方式如图 4-65 所示。

机器人测试运行就是在机器人到生产现场自动运转之前，单体确认其动作的过程。程序的测试对于确保作业人员和外围设备的安全非常重要。FANUC 工业机器人测试运行是通过示教器来完成的，其启动方式有三种，即顺序单步、顺序连续和逆序单步。

1）示教器启动（简称 TP 启动）方式一：顺序单步

操作步骤见表 4-13。

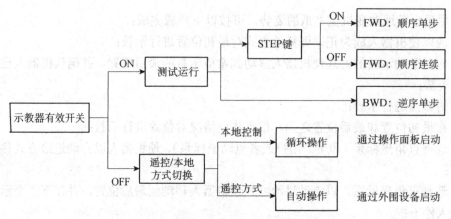

图 4-65　FANUC 工业机器人程序启动方式

表 4-13　示教器启动方式————顺序单步的操作步骤

机器人或示教器显示	操作步骤
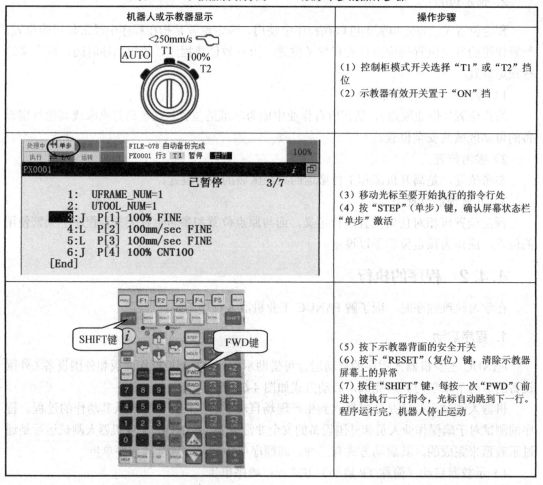	（1）控制柜模式开关选择"T1"或"T2"挡位 （2）示教器有效开关置于"ON"挡
	（3）移动光标至要开始执行的指令行处 （4）按"STEP"（单步）键，确认屏幕状态栏"单步"激活
	（5）按下示教器背面的安全开关 （6）按下"RESET"（复位）键，清除示教器屏幕上的异常 （7）按住"SHIFT"键，每按一次"FWD"（前进）键执行一行指令，光标自动跳到下一行。程序运行完，机器人停止运动

2）示教器启动方式二：顺序连续

操作步骤见表 4-14。

表 4-14　示教器启动方式二——顺序连续的操作步骤

机器人或示教器显示	操作步骤
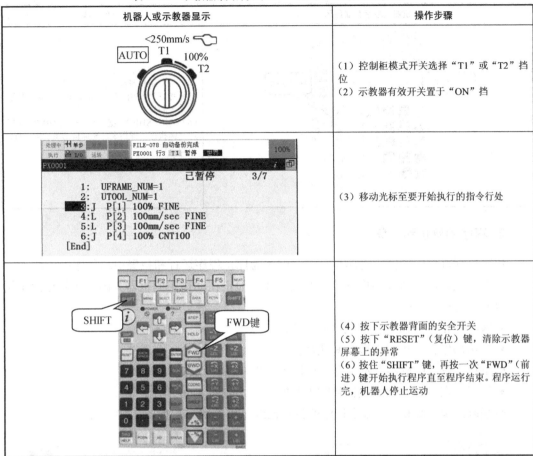	（1）控制柜模式开关选择"T1"或"T2"挡位 （2）示教器有效开关置于"ON"挡 （3）移动光标至要开始执行的指令行处 （4）按下示教器背面的安全开关 （5）按下"RESET"（复位）键，清除示教器屏幕上的异常 （6）按住"SHIFT"键，再按一次"FWD"（前进）键开始执行程序直至程序结束。程序运行完，机器人停止运动

3）示教器启动方式三：逆序单步

操作步骤见表 4-15。

表 4-15　示教器启动方式三——逆序单步执行的操作步骤

机器人或示教器显示	操作步骤
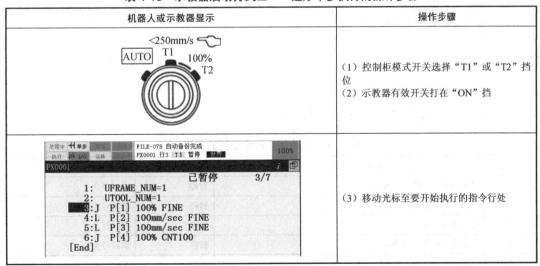	（1）控制柜模式开关选择"T1"或"T2"挡位 （2）示教器有效开关打在"ON"挡 （3）移动光标至要开始执行的指令行处

机器人或示教器显示	操作步骤
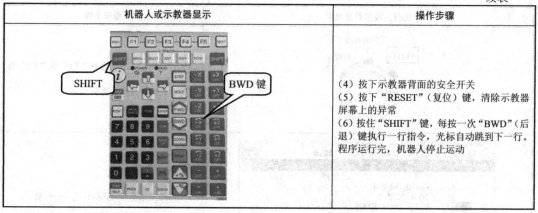	（4）按下示教器背面的安全开关 （5）按下"RESET"（复位）键，清除示教器屏幕上的异常 （6）按住"SHIFT"键，每按一次"BWD"（后退）键执行一行指令，光标自动跳到下一行。程序运行完，机器人停止运动

2. 程序的停止和恢复

程序执行过程中的停止有两种方式，即人为停止程序运行和报警引起程序停止。

程序停止后，机器人不再继续下面的动作，而正在动作中的机器人因程序停止而采用的减速方法包括：

- 瞬时停止　机器人迅速减速后停止；
- 减速后停止　机器人慢慢减速后停止。

程序停止后，在机器人示教器上可以表示以下两种状态：

- 暂停　表示程序的执行被暂时中断的状态，如图 4-66 所示；
- 强制结束（终止）　显示程序的执行已经结束的状态，如图 4-67 所示。

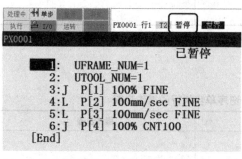

图 4-66　程序暂停

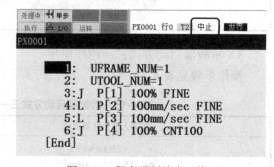

图 4-67　程序强制结束（终止）

1）人为停止程序运行

人为停止程序运行的方法有很多种，见表 4-16。

表 4-16　人为停止程序运行的方法

序号	停止程序的方法	停止状态	机器人停止的方法
1	按下示教器上的急停按钮	暂停	瞬时停止
2	按下操作面板上的急停按钮	暂停	瞬时停止
3	松开安全开关	暂停	瞬时停止
4	外部紧急停止信号输入	暂停	瞬时停止
5	按下示教器上的"HOLD"键	暂停	减速后停止

续表

序号	停止程序方法	停止状态	机器人停止方法
6	系统暂停 HOLD 信号输入	暂停	减速后停止
7	选择"终止程序"（按示教器上的"FCTN"键，选择"1 终止程序"）	终止	减速后停止
8	系统中止 CSTOP 信号输入	终止	减速后停止

2）报警引起程序停止

当程序运行或机器人操作中存在不正确的操作时会产生报警，并使机器人停止执行程序，以确保安全。实时的报警码会出现在示教器状态栏上。若要解除报警，首先需要排除报警发生的原因，然后按下"RESET"键，即可解除报警。报警解除后机器人进入动作允许状态。FANUC 工业机器人报警分类及说明见表 4-17。

表 4-17　FANUC 工业机器人报警分类及说明

序号	报警分类	报警说明
1	WARN	警告操作者比较轻微的或非紧要的问题，对机器人的操作没有直接影响
2	PAUSE	中断程序的执行，机器人在完成动作后停止
3	STOP	中断程序的执行，使机器人的动作在减速后停止
4	SERVO	中断或者强制结束程序的执行，在断开伺服电源后，使机器人的动作瞬时停止。通常大多是由于硬件异常而引起的
5	ABORT	强制结束程序的执行，使机器人的动作在减速后停止
6	SYSTEM	通常是发生在与系统相关的重大问题时引起的，使机器人的所有操作都停止

3）恢复程序执行

（1）通过"HOLD"键停止和恢复程序

按下"HOLD"（暂停）键，机器人将执行：

① 减速停止动作，中断程序执行，示教器上显示"暂停"消息；

② 执行程序中的暂停指令，使机器人发出报警后断开伺服电源。

一般情况下解除系统的"暂停"消息比较简单，只需要再次启动程序即可。

（2）通过急停按钮停止和恢复程序

按下示教器上、操作面板上或外部任意一个急停按钮，都会使机器人瞬时停止，执行中的程序即被中断，示教器上出再急停报警，同时 FAULT（报警）指示灯点亮。

恢复操作的步骤如下：

① 消除急停原因；

② 顺时针旋转松开急停按钮；

③ 按示教器上的"RESET"（复位）键，消除报警；

④ 查看程序执行历史记录，按"MENU"（菜单）键，选择"0 下一页"→"4 状态"→"4 执行历史记录"，显示如图 4-68 所示界面。界面记录程序执行的历史情况，最新程序执行的状态将显示在第一行，如图 4-69 所示。

⑤ 找到暂停程序当前执行的行号（图 4-69 所示界面程序执行到第 5 行被暂停）；

⑥ 进入程序编辑界面，手动到暂停所在行；

⑦ 通过启动信号继续执行程序。

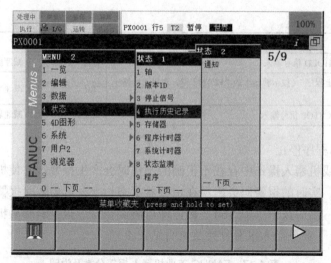

图 4-68　进入执行历史记录界面

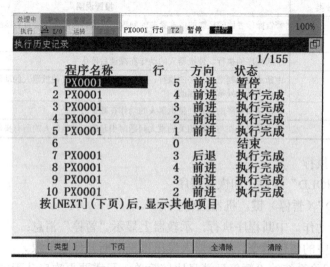

图 4-69　执行历史记录界面

 课程总结

　　在本任务中主要介绍了 FANUC 工业机器人轨迹程序设计的注意事项，了解了这些内容才可以使机器人所形成的轨迹更加的合理。同时，本任务中还介绍了 FANUC 工业机器人程序的启动、停止和恢复的操作步骤，通过查看程序的运行情况可以方便地了解所编写的程序是否合理。

 思考与练习 4-4

一、填空

1. FANUC 工业机器人测试运行是通过示教器来完成的，其启动方式有三种：_____、
_____、_____。

2. 动作中的机器人因程序停止而采用的减速方法有包括_____、_____两种。

二、问答题

请列举六种人为停止程序运行的方法。

三、判断题

1. 机器人在抓取工件时，为了使机器人准确停止在工件抓取位置，抓取位置点必须使用"FINE"定位形式。（　　　）

2. 大幅度改变工具姿势的动作，将会导致循环时间加长。平顺地稍许改变工具的姿势，机器人将会进行更加快速的移动。要缩短循环时间，应以尽量改变工具姿势的方式进行示教。（　　　）

四、技能训练

1. 熟练地解除因急停按钮按下而造成的程序停止，并恢复程序运行。

2. 简述顺序单步运行程序的基本步骤。

单元 5

机器人装配工作站程序编写

任务1 FANUC工业机器人I/O信号认知

本任务课件

学习目标

学习目标	学习目标分解	学习要求
知识目标	熟练掌握FANUC工业机器人I/O信号的分类	熟练掌握
	熟练掌握外围设置I/O信号的使用	熟练掌握
	了解操作面板I/O信号的使用	了解
	熟练掌握机器人I/O信号的使用	熟练掌握
技能目标	—	—

课程导入

机器人在实际应用中需要与末端执行器、外围设备等装置进行通信，如控制夹爪的打开和关闭，控制过程是通过机器人 I/O（输入/输出）信号的变化实现的。下面主要介绍FANUC 工业机器人的 I/O 信号。

本任务的实施过程是基于 FANUC 机器人教学工作站，通过本任务应了解 FANUC 机器人的 I/O 信号并掌握它们的使用。

课程内容

工业机器人 I/O 信号是工业机器人与末端执行器、外围设备等装置进行通信的电信号。FANUC 工业机器人 I/O 信号按用途可分为两种，即通用 I/O 信号和专用 I/O 信号。

5.1.1 通用I/O信号

通用 I/O 信号（见表 5-1）是指可由用户自由定义而使用的 I/O 信号，分为数字 I/O 信号、群组 I/O 信号和模拟 I/O 信号三种。

表 5-1　通用 I/O 信号

信号类型	输入类型	输出类型	参数 i 最大值
数字 I/O 信号	数字输入信号 DI[i]	数字输出信号 DO[i]	512
群组 I/O 信号	群组输入信号 GI[i]	群组输出信号 GO[i]	100
模拟 I/O 信号	模拟输入信号 AI[i]	模拟输出信号 AO[i]	64

1）数字 I/O 信号

数字 I/O（DI/DO）信号是从外围设备通过 I/O 印制电路板（或 I/O 单元）的输入/输出信号线进行数据交换的标准数字信号。数字信号的值有 ON（1）和 OFF（0）两种。

2）群组 I/O 信号

群组 I/O（GI/GO）信号是用来汇总多条信号线并进行数据交换的通用数字信号。群组信号的值用数值（十进制数或十六进制数）来表示，转变或逆变为二进制数后通过信号线与外围设备进行数据交换。

3）模拟 I/O 信号

模拟 I/O（AI/AO）是机器人与外围设备通过 I/O 模块（或 I/O 单元）的输入/输出信号线而进行模拟输入/输出电压值的交换。进行读写时，模拟输入/输出电压值转换为数字值。模拟 I/O 所获得的数字值与基准电压有关，所以并不一定与真实的输入/输出电压值完全一致。

5.1.2　专用 I/O 信号

专用 I/O 信号（见表 5-2）是指用途已经确定的 I/O 信号，分为外围设备 I/O 信号、操作面板 I/O 信号和机器人 I/O 信号三种。

表 5-2　专用 I/O 信号

信号类型	输入/输出类型	信号数量最大值	参数 i 取值范围
外围设备 I/O 信号	外围设备输入信号 UI[i]	18	1～18
	外围设备输出信号 UO[i]	20	1～20
操作面板 I/O 信号	输入信号 SI[i]	15	1～15
	输出信号 SO[i]	15	1～15
机器人 I/O 信号	输入信号 RI[i]	8	1～8
	输出信号 RO[i]	8	1～8

1. 外围设备 I/O 信号

外围设备 I/O（UI/UO）信号是在系统中已经确定了其用途的专用信号。这些信号通过 I/O 印制电路板（或 I/O 单元）与程控装置（如 PLC）和外围设备相连接，从外部进行机器人控制。

外围设备 I/O 信号是机器人发送和接收远端控制器或周边设备的信号，可以实现以下功能：

- 选择程序；
- 开始和停止程序；
- 从报警状态中恢复系统；

● 其他。

1）外围设备输入信号 UI[i]

外围设备输入信号 UI[i]的定义见表 5-3。

表 5-3　外围设备输入信号 UI[i]的定义

信号	名称	功能	说明
UI[1]	*IMSTP	瞬时停止信号	正常状态为 ON，可作为软件急停
UI[2]	*HOLD	暂停信号	正常状态为 ON，功能与示教器上的"HOLD"键相同
UI[3]	*SFSPD	安全速度信号	通常连接于安全防护栅栏门的安全插销，正常状态为 ON
UI[4]	CYCLE STOP	循环停止信号	强制结束执行中或暂停中的程序
UI[5]	FAULT RESET	报警复位信号	功能与示教器上的"RESET"键相似
UI[6]	START	启动信号	脉冲下降沿有效
UI[7]	HOME	回 HOME 点信号	宏程序启动
UI[8]	ENABLE	动作允许信号	正常状态为 ON，OFF 时程序暂停
UI[9-12]	RSR/PNS/STYLE1-4	程序号选择信号	—
UI[13-16]	RSR/PNS/STYLE5-8		
UI[17]	PNS STROBE	PNS 选通信号	读出 UI[9]~UI[16]的输入
UI[18]	PROD START	自动操作开始信号	脉冲下降沿有效

其中，UI[6]Start（启动信号）虽然具有启动所选程序的功能，但是当参数（$SHELL_CFG.&CONT_ONLY）处于"DISABLED"（无效）时，从当前的光标位置开始执行当前在示教器上所选的程序；当处于"ENABLED"（有效）时，专门用来重新运行已被中断的程序。要从一开始执行尚未启动的程序时，使用 PROD START（自动操作开始信号）输入。

2）外围设备输出信号 UO[i]

外围设备输出信号 UO[i]的定义见表 5-4。

表 5-4　外围设备输出信号 UO[i]的定义

信号	名称	功能	说明
UO[1]	CMDENBL	命令使能信号输出	不常用，监测程序是否启动
UO[2]	SYSRDY	系统准备完毕输出	不常用
UO[3]	PROGRUN	程序执行状态输出	不常用
UO[4]	PAUSED	程序暂停状态输出	不常用
UO[5]	HELD	暂停输出	不常用
UO[6]	FAULT	错误输出	可以使用，监测机器人报警
UO[7]	ATPERCH	机器人就位输出	不常用
UO[8]	TPENBL	示教器使能输出	不常用
UO[9]	BATALM	电池报警输出	可以使用，控制柜电池电量不足，输出为 ON
UO[10]	BUSY	处理器忙输出	可以使用，程序执行中或示教器操作时为 ON
UO[11-18]	ACK1-ACK8	RSR 接收确认信号	不常用，当 RSR 输入信号被接收时，能输出一个相应的脉冲信号
UO[11-18]	SNO1-SNO8	选择程序号码编号	不常用，该信号组以 8 位二进制码表示相应的当前选中的 PNS 程序编号

续表

信号	名称	功能	说明
UO[19]	SNACK	信号数确认输出	不常用
UO[20]	RESERVED	预留信号	不常用

2. 操作面板 I/O 信号

操作面板 I/O（SI/SO）信号是用来进行操作面板/操作箱的按钮和 LED 状态数据交换的数字专用信号。输入信号 SI[i]可监测操作面板上按钮的状态，输出信号 SO[i]则控制操作面板上 LED 指示灯亮灭。操作面板 I/O 不能对信号编号进行映射（再定义），标准情况下已定义了 16 个输入信号、16 个输出信号。

（1）操作面板 I/O 信号的标准设定见表 5-5。

表 5-5　操作面板 I/O 信号的标准设定

输入信号	功能	输出信号	功能
SI[1]	FAULT RESET	SO[0]	REMOTE LED
SI[2]	REMOTE	SO[1]	CYCLE START
SI[3]	HOLD	SO[2]	HOLD
SI[4]	USER PB#1	SO[3]	FAULT LED
SI[5]	USER PB#2	SO[4]	BATT ALARM
SI[6]	CYCLE START	SO[5]	USER LED#1
SI[8]	CE/CR SELECT B0	SO[6]	USER LED#2
SI[9]	CE/CR SELECT B1	SO[7]	TP ENABLED

（2）常用的操作面板输入信号及说明见表 5-6。

表 5-6　常用的操作面板输入信号及说明

输入信号	说明
FAULT RESET　SI[1]	报警解除信号（FAULT_RESET），解除报警。伺服电源被断开时，通过 RESET 信号接通电源。此时，在伺服装置启动之前，报警不予解除
REMOTE　SI[2]	遥控信号（REMOTE），用来进行系统的遥控方式和本地方式的切换。在遥控方式（SI[2]=ON）下，只要满足遥控条件，即可通过外围设备 I/O 启动程序。在本地方式（SI[2]=OFF）下，只要满足操作面板有效条件，即可通过操作面板启动程序。遥控信号（SI[2]）ON/OFF 的操作，通过系统设定菜单"设定控制方式"进行
HOLD　SI[3]	暂停信号（HOLD），发出使程序暂停的指令。HOLD 信号通常情况下处于 ON，该信号成为 OFF 时： ● 执行中的机器人动作被减速停止 ● 执行中的程序被暂停
CYCLE START　SI[6]	启动信号（START），通过示教器选择程序中当前光标所在位置的行号启动程序，或者启动处在暂停状态下的程序

（3）常用的操作面板输出信号及说明见表 5-7。

表 5-7　常用的操作面板输出信号及说明

输出信号	说明
REMOTE LED　SO[0]	遥控信号（REMOTE LED），在遥控条件成立时被输出
HELD　SO[2]	保持信号（HELD），在按下"HOLD"键时和输入 HOLD 信号时输出

续表

输出信号	说明
FAULT LED　SO[3]	报警（FAULT LED）信号，在系统中发生报警时输出，可以通过 FAULT_RESET 输入来解除报警，系统发出警告时（WARN 报警）该信号不予输出
BATT ALARM　SO[4]	电池异常信号（BATT ALARM），表示控制装置或机器人的脉冲编码器的电池电压下降报警，请（在接通控制装置电源的状态下）更换电池
TP ENABLED　SO[7]	示教器有效信号（TP ENABLED），在示教器的有效开关处于 ON 时输出

3. 机器人 I/O 信号

机器人 I/O（RO/RI）信号是指经由机器人，作为末端执行器 I/O 被使用的机器人数字信号，通过末端执行器 I/O 与机器人的手腕上所附带的连接器连接后使用。机器人 I/O 信号最多由 8 个输入、8 个输出的通用信号构成，机器人机型不同，其机器人 I/O 信号数也是不同的，且信号是不可以重新定义信号编号的。图 5-1 为 FANUC M-10iA 机器人机构部分的机器人 I/O 信号与末端执行器之间的连接图（即信号编号）。

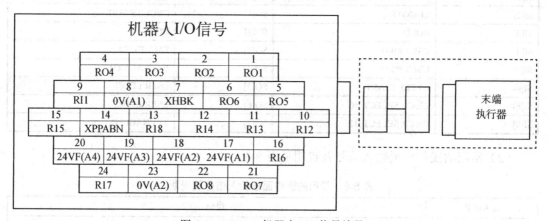

图 5-1　M-10iA 机器人 I/O 信号编号

其中，XHBK 和 XPPABN 为检测信号，所代表的含义如下。

1）XHBK 输入（机械手断裂信号）

机械手断裂信号（机械手断裂）与机器人的工具（机械夹爪等）连接，用来检测工具的损坏。XHBK 信号在正常状态下被设定为 ON，当信号为 OFF 时，机器人会发出报警并且停止伺服电源。

2）XPPABN 输入（气压异常信号）

气压异常信号用来检测电压的下降，*PPABN 信号在正常状态下被设定为 ON，当信号变为 OFF 时，机器人会发出报警并且停止伺服电源。

 课程总结

在本任务中，主要介绍了 FANUC 工业机器人 I/O 信号的分类。机器人是通过 I/O 与外围设备（如传感器、PLC、汽缸等）进行通信的，通常接收传感器、PLC 的信号，来控制末端执行器的动作。

思考与练习 5-1

一、填空

1. FANUC 工业机器人 I/O 信号按用途可分为两种：_____、_____。

2. 对下列信号进行区分：DI i]表示_____、UI[i]表示_____、SO[i]表示_____。

3. 当参数（$SHELL_CFG.&CONT_ONLY）处于_____时，从当前的光标位置开始执行当前在示教器上所选的程序；当处于_____时，专门用来重新运行已被中断的程序。

4. _____是用来进行操作面板/操作箱的按钮和 LED 状态数据交换的数字专用信号。

二、问答题

机器人 I/O 信号有几种？其中 UI 表示什么？SI 表示什么？

任务 2　FANUC 工业机器人 I/O 信号接线与控制

本任务课件

学习目标

学习目标	学习目标分解	学习要求
知识目标	熟练掌握 FANUC 工业机器人 I/O 信号的分配	熟练掌握
	熟练掌握 FANUC 工业机器人 I/O 模块的接线	熟练掌握
	熟练掌握 FANUC 工业机器人程序的自动运行	熟练掌握
技能目标	能够熟练地完成 FANUC 工业机器人 I/O 信号的接线	熟练操作
	能够熟练手动控制 FANUC 工业机器人的数字 I/O 信号	熟练操作

课程导入

本任务主要介绍 FANUC 工业机器人 I/O 信号的使用、I/O 信号的分配，以及 I/O 模块与外围设备的接线。

本任务的实施过程基于 FANUC 机器人教学工作站，对 FANUC 工业机器人的 I/O 信号进行分配，并连接外围设备，控制外围设备的启动与停止。

课程内容

5.2.1　FANUC 工业机器人 I/O 信号的分配

1. 认知 FANUC 工业机器人 I/O 信号的分配

通常，将通用 I/O（DI/O、GI/O 等）信号和专用 I/O（UI/O、RI/O 等）信号称作逻辑信号。在编写机器人程序时，需要对逻辑信号进行信号处理。相对于此，将实际的 I/O 信号称作物理信号。如果想通过程序来控制物理信号，需要提前把逻辑信号和物理信号一一对应起来，这一过程称为 I/O 信号分配。在 FANUC 工业机器人中，要指定物理信号，利用机架和插槽来指定 I/O 模块，并利用该 I/O 模块内的信号编号（物理编号）指定各个信号，如图 5-2 所示。

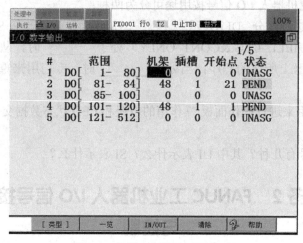

图 5-2　数字 I/O 信号配置界面

1）机架

机架是指 I/O 模块的种类。通常在 R-30*i*B Mate 控制柜中，其数据为：

- 0 表示处理 I/O 电路板、I/O 连接设备连接单元；
- 1～16 表示 I/O 单元 MODEL A/B；
- 32 表示 I/O 连接设备、从机接口；
- 48 表示 R-30*i*B Mate 的主板（CRMA15，CRMA16）。

2）插槽

插槽是指构成机架的 I/O 模块的编号。说明：

- 使用处理 I/O 电路板、I/O 连接设备连接单元时，按连接的顺序为插槽 1、2、3…；
- 使用 I/O 单元 MODEL A 时，安装有 I/O 模块的基本单元的插槽编号为该模块的插槽值；
- 使用 I/O 单元 MODEL B 时，通过基本单元的 DIP 开关设定单元编号，即为该基本单元的插槽值；
- I/O 连接设备从机接口、R-30*i*B Mate 的主板（CRMA15，CRMA16）时，该值始终为 1。

3）物理编号

物理编号是指 I/O 模块内的信号编号。按如下所示方式来表述物理编号。

- 数字输入信号：IN1，IN2…；
- 数字输出信号：OUT1，OUT2…；
- 模拟输入信号：AIN1，AIN2…；
- 模拟输入信号：AOUT1，AOUT2…。

FANUC R-30*i*B Mate 控制柜标准 I/O 模块的机架号为 48，插槽值为 1，其主板的外围设备接口为 CRMA15、CRMA16，其对应的 I/O 点数见表 5-8。

表 5-8　CRMA15、CRMA16 对应的 I/O 点数

外围设备接口	CRMA15		CRMA16	
I/O 点数	DI	DO	DI	DO
	20	8	8	16

根据表 5-8 可知，FANUC R-30*i*B Mate 控制柜标准 I/O 模块共有 28 个数字输入、24 个数字输出，其物理信号编号分别为 IN1，IN2，…，IN28 和 OUT1，OUT2，…，OUT24。

为了在机器人控制装置上对 I/O 信号线进行控制，必须建立物理信号和逻辑信号的关联。I/O 信号中数字 I/O 信号、群组 I/O 信号、模拟 I/O 信号、外围设备 I/O 信号，可变更 I/O 信号分配，即可重新定义物理信号和逻辑信号的关联；而机器人 I/O 信号、操作面板 I/O 信号，其物理信号已被固定为逻辑信号，因而不能进行再定义。

若清除机器人 I/O 信号分配，接通机器人控制装置的电源，则所连接的 I/O 模块将被识别，并自动进行适当的 I/O 信号分配，将此时的 I/O 信号分配称作标准 I/O 信号分配。标准 I/O 信号分配的内容是根据系统中"UOP 自动配置"的设定而不同的。

2. 完成 FANUC 工业机器人标准 I/O 模块信号分配

完成 FANUC R-30*i*B Mate 控制柜标准 I/O 模块 28 个数字输入信号、24 个数字输出信号的分配，分配完成后物理信号与逻辑信号的对应关系（I/O 信号分配表）见表 5-9。

表 5-9　I/O 信号分配表

物理信号（输入）	逻辑信号	物理信号（输出）	逻辑信号
IN1	DI[101]	OUT1	DO[101]
IN2	DI[102]	OUT2	DO[102]
IN3	DI[103]	OUT3	DO[103]
IN4	DI[104]	OUT4	DO[104]
IN5	DI[105]	OUT5	DO[105]
IN6	DI[106]	OUT6	DO[106]
IN7	DI[107]	OUT7	DO[107]
IN8	DI[108]	OUT8	DO[108]
IN9	DI[109]	OUT9	DO[109]
IN10	DI[110]	OUT10	DO[110]
IN11	DI[111]	OUT11	DO[111]
IN12	DI[112]	OUT12	DO[112]
IN13	DI[113]	OUT13	DO[113]
IN14	DI[114]	OUT14	DO[114]
IN15	DI[115]	OUT15	DO[115]
IN16	DI[116]	OUT16	DO[116]
IN17	DI[117]	OUT17	DO[117]
IN18	DI[118]	OUT18	DO[118]

续表

物理信号（输入）	逻辑信号	物理信号（输出）	逻辑信号
IN19	DI[119]	OUT19	DO[119]
IN20	DI[120]	OUT20	DO[120]
IN21	UI[2] *HOLD	OUT21	UO[1] CMDENBL
IN22	UI[5] RESET	OUT22	UO[6] FAULT
IN23	UI[6] START	OUT23	UO[9] BATALM
IN24	UI[8] ENBL	OUT24	UO[10] BUSY
IN25	UI[9] PNS1		
IN26	UI[10] PNS2		—
IN27	UI[11] PNS3		
IN28	UI[12] PNS4		

1）禁用 "UOP 自动配置"

禁用 "UOP 自动配置" 的操作步骤见表 5-9。

表 5-9　禁用 "UOP 自动配置" 的操作步骤

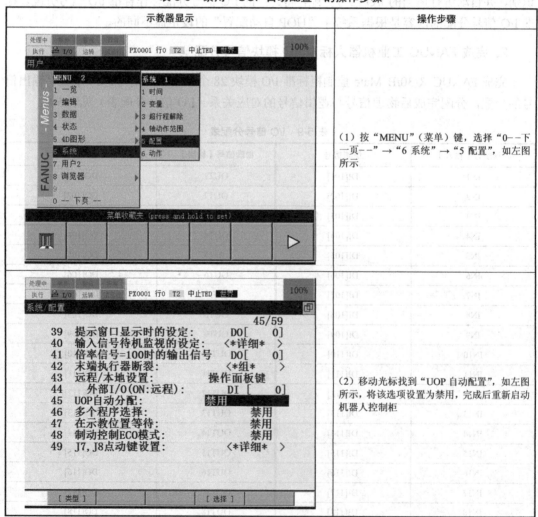

示教器显示	操作步骤
	（1）按 "MENU"（菜单）键，选择 "0--下一页--" → "6 系统" → "5 配置"，如左图所示
	（2）移动光标找到 "UOP 自动配置"，如左图所示，将该选项设置为禁用，完成后重新启动机器人控制柜

2）数字输入/输出信号分配

数字输入/输出信号分配的操作步骤见表 5-10。

表 5-10　数字输入/输出信号分配的操作步骤

示教器显示	操作步骤
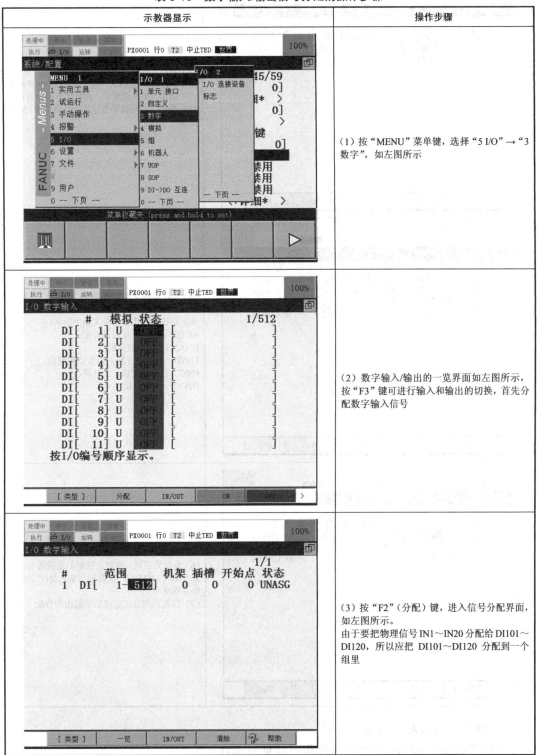	（1）按"MENU"菜单键，选择"5 I/O"→"3 数字"，如左图所示
	（2）数字输入/输出的一览界面如左图所示，按"F3"键可进行输入和输出的切换，首先分配数字输入信号
	（3）按"F2"（分配）键，进入信号分配界面，如左图所示。 由于要把物理信号 IN1～IN20 分配给 DI101～DI120，所以应把 DI101～DI120 分配到一个组里

续表

示教器显示	操作步骤

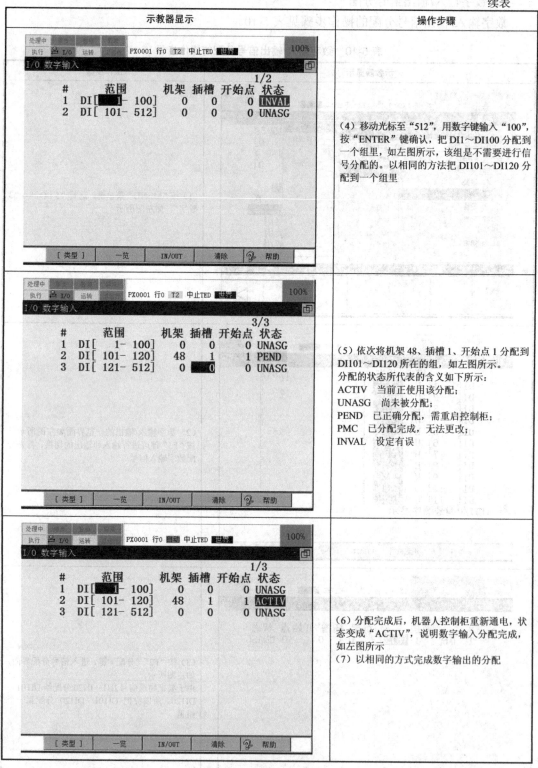

（4）移动光标至"512"，用数字键输入"100"，按"ENTER"键确认，把 DI1～DI100 分配到一个组里，如左图所示，该组是不需要进行信号分配的。以相同的方法把 DI101～DI120 分配到一个组里

（5）依次将机架 48、插槽 1、开始点 1 分配到 DI101～DI120 所在的组，如左图所示。
分配的状态所代表的含义如下所示：
ACTIV　当前正在使用该分配；
UNASG　尚未被分配；
PEND　已正确分配，需重启控制柜；
PMC　已分配完成，无法更改；
INVAL　设定有误

（6）分配完成后，机器人控制柜重新通电，状态变成"ACTIV"，说明数字输入分配完成，如左图所示
（7）以相同的方式完成数字输出的分配

3）外围设备输入/输出信号分配

外围设备输入/输出信号分配的操作步骤见表 5-11。

表 5-11　外围设备输入/输出信号分配的操作步骤

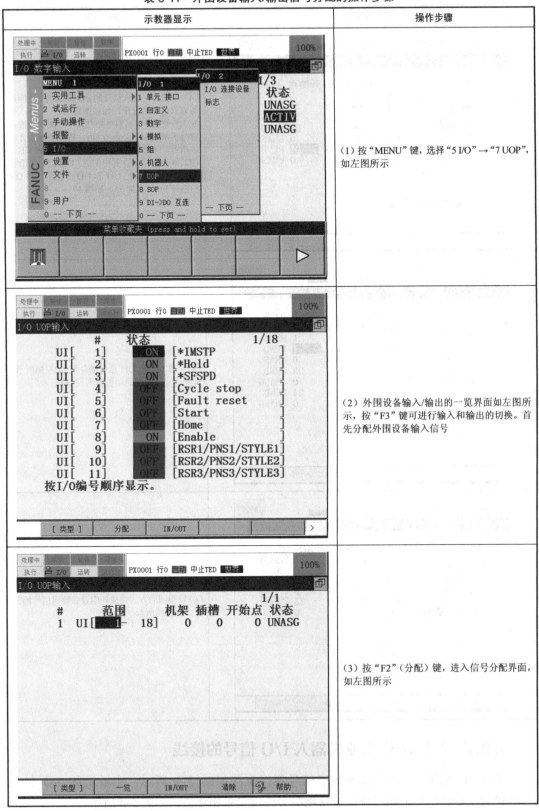

示教器显示	操作步骤
	（1）按"MENU"键，选择"5 I/O"→"7 UOP"，如左图所示
	（2）外围设备输入/输出的一览界面如左图所示，按"F3"键可进行输入和输出的切换。首先分配外围设备输入信号
	（3）按"F2"（分配）键，进入信号分配界面，如左图所示

示教器显示	操作步骤
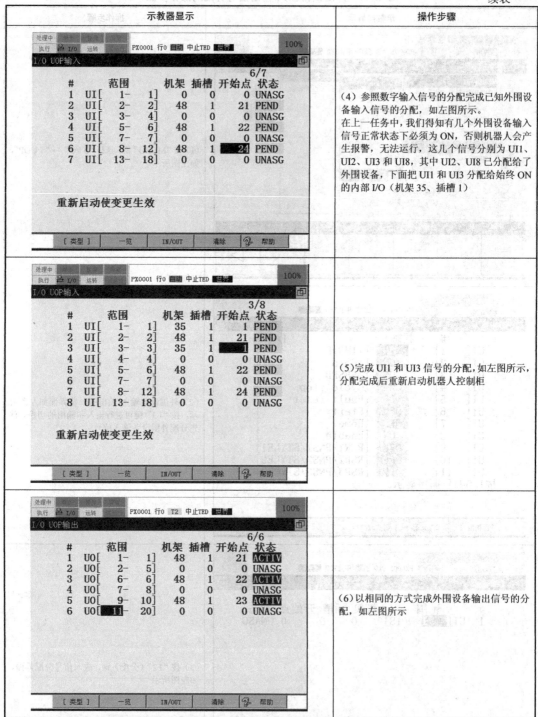	（4）参照数字输入信号的分配完成已知外围设备输入信号的分配，如左图所示。 在上一任务中，我们得知有几个外围设备输入信号正常状态下必须为 ON，否则机器人会产生报警，无法运行，这几个信号分别为 UI1、UI2、UI3 和 UI8，其中 UI2、UI8 已分配给了外围设备，下面把 UI1 和 UI3 分配给始终 ON 的内部 I/O（机架 35、插槽 1）
	（5）完成 UI1 和 UI3 信号的分配，如左图所示，分配完成后重新启动机器人控制柜
	（6）以相同的方式完成外围设备输出信号的分配，如左图所示

5.2.2 FANUC 工业机器人 I/O 信号的接线

I/O 印制电路板与外围设备数字信号连接框图如图 5-3 所示，主板上的 I/O 接口（CRMA15、CRMA16）通过外围设备电缆与外围设备相连接，如图 5-4 所示。

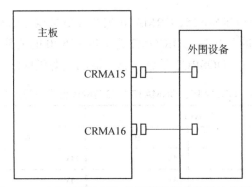

图 5-3　I/O 印制电路板与外围设备数字信号连接框图

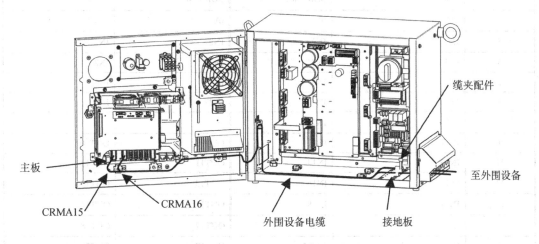

图 5-4　R-30*i*B Mate 的主板 I/O 接线

为了预防噪声，外围设备电缆应切除其部分电缆的包覆而使屏蔽套外露，并以线夹配件将其固定在屏蔽板上，接线方式如图 5-5 所示。

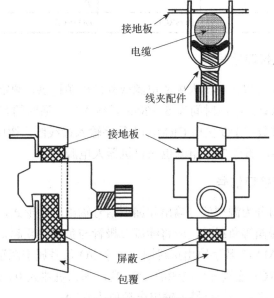

图 5-5　外围设备电缆接线方式

主板的外围设备接口 CRMA15、CRMA16 与物理信号编号的对应关系见表 5-12，其中 SDICOM1 为 IN1～IN8 的公共端，SDICOM2 为 IN9～IN20 的公共端，SDICOM3 为 IN21～IN28 的公共端，DOSRC1、DOSRC2 是通向驱动器的电源供应端。

表 5-12　CRMA15、CRMA16 接口与物理信号编号的对应关系

序号	CRMA15		CRMA16	
	A	B	A	B
1	24V	24V	24V	24V
2	24V	24V	24V	24V
3	SDICOM1	SDICOM2	SDICOM3	—
4	0V	0V	0V	0V
5	IN1	IN2	IN21	IN22
6	IN3	IN4	IN23	IN24
7	IN5	IN6	IN25	IN26
8	IN7	IN8	IN27	IN28
9	IN9	IN10	—	—
10	IN11	IN12	OUT9	OUT10
11	IN13	IN14	OUT11	OUT12
12	IN15	IN16	OUT13	OUT14
13	IN17	IN18	OUT15	OUT16
14	IN19	IN20	OUT17	OUT18
15	OUT1	OUT2	OUT19	OUT20
16	OUT3	OUT4	OUT21	OUT22
17	OUT5	OUT6	OUT23	OUT24
18	OUT7	OUT8	—	—
19	0V	0V	0V	0V
20	DOSRC1	DOSRC1	DOSRC2	DOSRC2

1. 外围设备输入接口信号

接收机电路的电压可以由机器人侧的电源或外部电源提供，额定输入电压范围为 20～28V，输入阻抗为 3.3kΩ，响应时间为 5～20ms，输入信号通断的有效时间应在 200ms 以上。图 5-6 为控制装置数字 I/O 接口 CRMA15 数字输入接线图，图中公共端 SDICOM1 与机器人电源 0V 端相连，那么 24V 电源也来自机器人电源。

2. 外围设备输出接口信号

外围设备输出接口分为源型信号输出和漏型信号输出两种形式，如图 5-7 和图 5-8 所示。使用继电器、电磁阀等负载时，应将续流二极管与负载并联起来使用。图 5-9 为控制装置数字 I/O 接口 CRMA15 数字输出接线图，数字 I/O 信号属于源型信号输出，通向驱动器的电源供应端 DOSRC1 连接外部电源的 24V 端，那么机器人 0V 端应与外部电源的 0V 端相连接，且输出 I/O 信号每一点最大输出电源值为 0.2A。

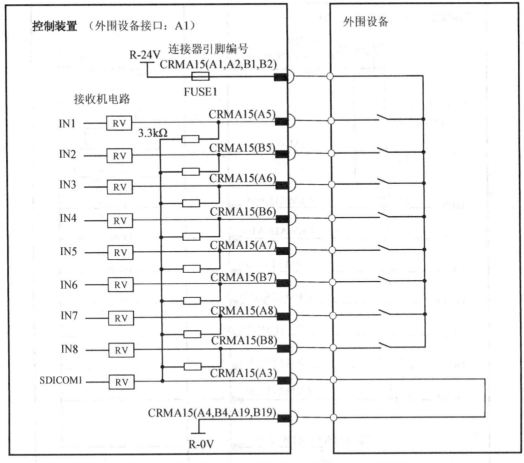

图 5-6　控制装置数字 I/O 接口 CRMA15 数字输入接线图

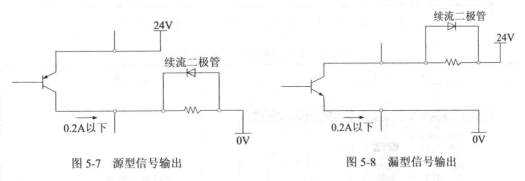

图 5-7　源型信号输出　　　　　　　　图 5-8　漏型信号输出

5.2.3　机器人 I/O 信号手动控制

通过示教器设置，可以手动控制 I/O 信号的输入、输出，对 I/O 端口进行仿真。手动信号控制可以模拟信号输入、输出，可以有助于机器人程序的调试。

1. 强制输出

强制输出就是给外部设备手动强制输出信号。

信号强制输出的操作步骤（以数字输出为例）见表 5-13。

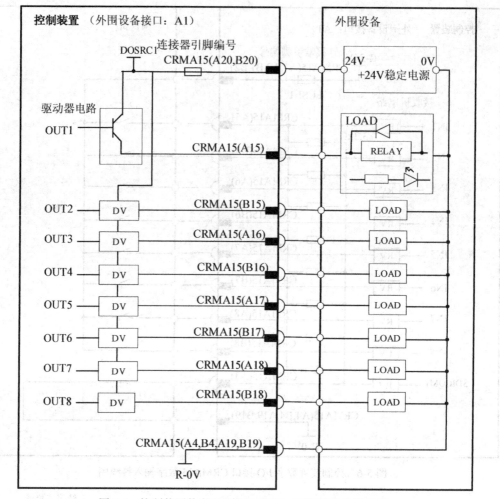

图 5-9　控制装置数字 I/O 接口 CRMA15 数字输出接线图

表 5-13　信号强制输出的操作步骤

示教器显示	操作步骤
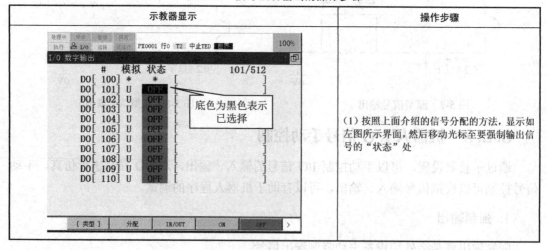	（1）按照上面介绍的信号分配的方法，显示如左图所示界面，然后移动光标至要强制输出信号的"状态"处

续表

示教器显示	操作步骤
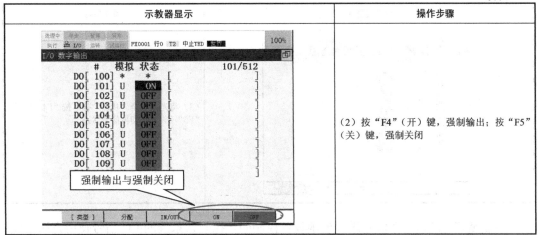	（2）按"F4"（开）键，强制输出；按"F5"（关）键，强制关闭

2. 仿真输入/输出

仿真输入/输出功能可以在不和外部设备通信的情况下，内部改变信号的状态。这一功能可以在外部设备没有连接好的情况下，检测信号语句。

信号仿真输入的操作步骤（以数字输入为例）见表 5-14。

表 5-14　信号仿真输入的操作步骤

示教器显示	操作步骤
[I/O 数字输出界面，DO[100]~DO[110]，光标在DO[101]"模拟"处，标注"底色为黑色表示已选择"]	（1）按照上面介绍的信号分配的方法，显示如左图所示界面，然后移动光标至要仿真输入信号的"模拟"处
[I/O 数字输出界面，DO[101]模拟列显示"S"，标注"S表示进行仿真输入"、"按F4键进行仿真输入"、"按F5键取消仿真输入"]	（2）按"F4"（仿真）键，进行仿真输入；按"F5"（解除）键，取消仿真输入

续表

示教器显示	操作步骤
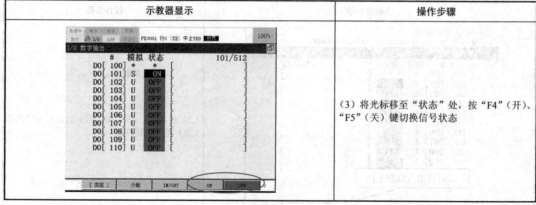	（3）将光标移至"状态"处，按"F4"（开）、"F5"（关）键切换信号状态

控制装置是通过 I/O 信号进行外围设备控制的，在确认系统的 I/O 信号使用方法之前，不可执行强制输出或仿真输入/输出，防止在某些情况下给系统的安全性带来不良影响。

5.2.4　自动运行 FANUC 工业机器人程序

自动运行是指机器人所需启动的程序可以使用外部控制设备如 PLC、按键等通过信号的输入、输出来选择和执行。机器人程序自动运行需要系统信号是机器人发送和接收的外部控制设备的信号，以此实现机器人程序运行。

FANUC 工业机器人常用的自动运行方式有两种，即 RSR（Robot Service Request）机器人服务请求方式和 PNS（Program NO.Select）机器人程序编号选择启动方式，在机器人示教器系统设置界面里可以任意进行选择（选择方法详见《FANUC 工业机器人 R-30*i*B 操作说明书》）。

1. 自动运行的启动条件

1）RSR、PNS 运行的启动条件
- 控制柜模式开关置于 AUTO 挡；
- 非单步执行状态；
- UI[1]、UI[2]、UI[3]、UI[8]为 ON（如图 5-10 所示）；
- TP 为 OFF；

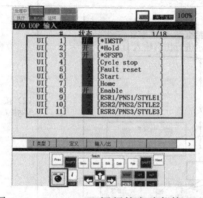

图 5-10　RSR、PNS 运行的启动条件（1）

- UI 信号设置为有效（如图 5-11 所示）；
- 控制方式为操作面板（REMOTE）（如图 5-12 所示）；
- 系统变量 $RMT_MASTER 为 0（默认值为 0）（如图 5-13 所示）。

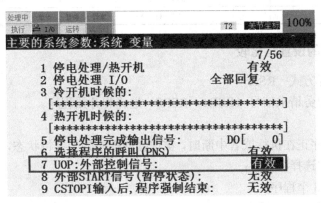

图 5-11　RSR、PNS 运动的启动条件（2）

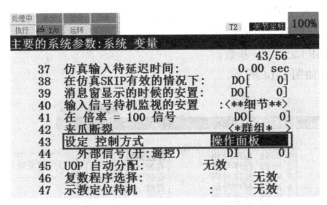

图 5-12　RSR、PNS 运动的启动条件（3）

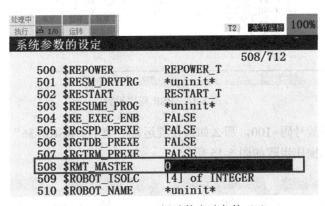

图 5-13　RSR、PNS 运动的启动条件（4）

2）选择自动运行所执行程序的信号

通过上一步完成了机器人程序前缀的设置，可以选择 RSR 或 PNS 程序运行，下面就是对选择自动运行所执行的程序，这需要对信号进行设置。所需要设置的机器人 I/O 信号见表 5-5。

表 5-15   机器人 I/O 信号的设置

自动运行的方式	涉及的信号	
	UI[i]	UO[i]
RSR	UI[9]～UI[16]	UO[11]～UO[18]
PNS	UI[9]～UI[18]	UO[11]～UO[19]

2. 启动方式的设置与比较

（1）自动运行方式：RSR

通过机器人服务请求信号（RSR1～RSR8）选择和开始程序。

特点：

① 当一个程序正在执行或者中断时，被选择的程序处于等待状态，一旦原先的程序停止，就开始运行被选择的程序；

② 只能选择 8 个程序。

自动运行方式 RSR 的程序命名要求：

① 程序名必须为 7 位；

② 由 RSR+4 位程序号组成；

③ 程序号=RSR+记录号+基数。

RSR 程序设置如图 5-14 所示。

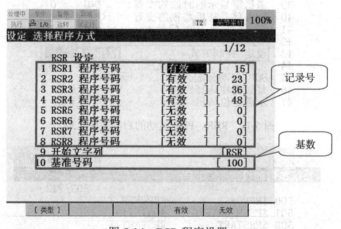

图 5-14   RSR 程序设置

例：条件为基数号码=100，那么如何设置运行时调用"RSR0136"程序。

机器人设置的操作步骤如图 5-15 所示。

图 5-15   机器人设置的操作步骤

RSR 程序启动时序图如图 5-16 所示。

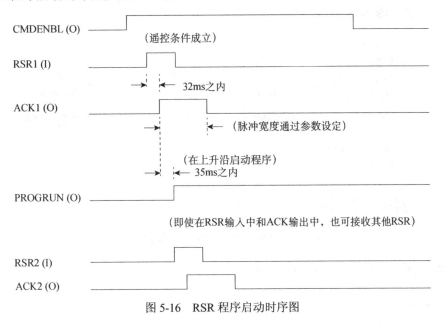

图 5-16   RSR 程序启动时序图

（2）自动运行方式：PNS

通过机器人服务请求信号（PNS1-PNS8 和 PNSTROBE）选择程序。

特点：

① 当一个程序正在执行或者中断时，这些信号被忽略；

② 自动开始操作信号（PROD_START），从第一行开始执行被选中的程序，当一个程序被中断或执行时，这个信号不被接收；

③ 最多可以选择 255 个程序。

自动运行方式 PNS 的程序命名要求：

① 程序名必须为 7 位；

② 由 PNS+4 位程序号组成；

③ 程序号=PNS+记录号+基数。

机器人程序的设置界面如图 5-17 所示。

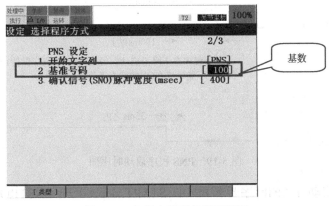

图 5-17   机器人程序的设置界面

例：条件为基数号=100，启动时调用"PNS0138"程序。

操作步骤如图 5-18 所示。

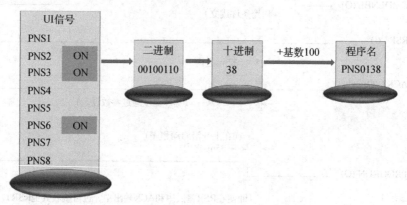

图 5-18　PNS 程序自动运行的操作步骤

PNS 程序启动时序图如图 5-19 所示。

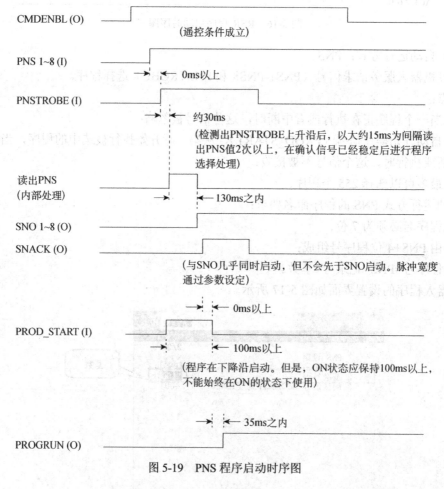

图 5-19　PNS 程序启动时序图

说明：PNS 启动方式的时序要求 PROD_START depend on PNSTROBE 设置为 TRUE

时，UI[17]需为 ON，UI[18]下降沿启动所选择程序。

 课程总结

在本任务中，主要学习了 FANUC 工业机器人 I/O 信号的分配以及与外围设备的连接，完成后就可以与外围设置进行通信了。机器人 I/O 信号的分配是机器人工程师重要工作之一，机器人功能的实现大多都依托外围设备来完成的。

了解了 FANUC 工业机器人 I/O 信号的分配及基本使用方法，下面就可以进一步学习 FANUC 工业机器人的控制指令了，来完成机器人的搬运等操作。

 思考与练习 5-2

一、填空

1. 通常，将通用 I/O（DI/O、GI/O 等）信号和专用 I/O（UI/O、RI/O 等）信号称为_____。在编写机器人程序时，需要对逻辑信号进行信号处理。相对于此，将实际的 I/O 信号线称为_____。

2. FANUC R-30iB Mate 控制柜标准 I/O 的机架号为_____，插槽为_____，其主板的外围设备接口为_____。

3. FANUC R-30iB Mate 控制柜标准 I/O 板共有_____个数字输入，_____个数字输出。

4. FANUC 工业机器人标准 I/O 信号每一点最大输出电压值为_____。

5. FANUC 工业机器人标准 I/O 信号额定输入电压范围为_____，输入阻抗为_____，响应时间为_____，输入信号通断的有效时间应在_____以上。

二、问答题

1. FANUC 工业机器人信号分配的机架、插槽、开始点分别指是什么？

2. FANUC 工业机器人程序自动运行的启动条件是什么？

三、技能训练

1. 按表 5-16 对 FANUC 工业机器人 I/O 信号进行分配。

表 5-16　FANUC 工业机器人 I/O 信号分配表

物理信号（输入）	逻辑信号	物理信号（输出）	逻辑信号
IN1	UI[2]　*HOLD	OUT1	UO[1]　CMDENBL
IN2	UI[5]　RESET	OUT2	UO[6]　FAULT
IN3	UI[6]　START	OUT3	UO[9]　BATALM
IN4	UI[8]　ENBL	OUT4	UO[10]　BUSY
IN5	UI[9]　PNS1	OUT5	
IN6	UI[10]　PNS2	OUT6	
IN7	UI[11]　PNS3	OUT7	
IN8	UI[12]　PNS4	OUT8	
IN9	DI[1]	OUT9	DO[1]
IN10	DI[2]	OUT10	DO[2]

续表

物理信号（输入）	逻辑信号	物理信号（输出）	逻辑信号
IN11	DI[3]	OUT11	DO[3]
IN12	DI[4]	OUT12	DO[4]
IN13	DI[5]	OUT13	DO[5]
IN14	DI[6]	OUT14	DO[6]
IN15	DI[7]	OUT15	DO[7]
IN16	DI[8]	OUT16	DO[8]

2. 把 D0[10]分配给物理信号 OUT1，并连接一个 LED 灯，手动控制 LED 灯点亮和熄灭。

任务 3 基于机器人控制指令的示教程序编写

本任务课件

 学习目标

学习目标	学习目标分解	学习要求
知识目标	熟练掌握 FANUC 工业机器人常用的控制类指令	熟练掌握
技能目标	能够根据程序指令画出程序流程图	熟练操作
	能够根据控制要求编写机器人程序	熟练操作

 课程导入

机器人 I/O 信号分配完成后，就可以通过程序来控制外围设备了，下面将介绍 FANUC 工业机器人控制类指令。

本任务的实施过程是基于 FANUC 工业机器人教学工作站，首先学习 FANUC 工业机器人控制类指令，阅读程序指令画出程序流程图，并根据控制要求编写机器人程序。

 课程内容

5.3.1 FANUC 工业机器人控制类指令介绍

1. I/O 指令

I/O（输入/输出）指令，是改变向外围设备的输出信号状态，或读出输入信号状态的指令。I/O 指令分为数字 I/O 指令、机器人 I/O 指令、模拟 I/O 指令、群组 I/O 指令。数字 I/O（DI/DO）指令和机器人 I/O（RI/RO）指令是用户可以控制的输入/输出信号，两者用法相类似。

（1）RI[i]=DI[i]。

将数字输入状态（ON=1，OFF=0）存储到寄存器中。

例：

```
1: RI[1]=DI[1]
2: RI[RI[3]]=DI[RI[4]]
```

（2）DO[i]=ON/OFF。

接通或断开所指定的数字输出信号。DO[i]=ON，有信号输出；DO[i]=OFF，无信号输出。

例：

```
3: DO[1]=ON
4: DO[R[3]]=OFF
```

（3）DO[i]=PULSE，（Width）。

Width=脉冲宽度（0.1～25.5s），输出一个脉冲信号，DO[i]状态恢复至原先状态。

例：

```
5: DO[1]=PULSE
6: DO[2]=PULSE, 0.2sec
7: DO[R[3]]=PULSE, 1.2sec
```

（4）DO[i]=RI[i]。

根据所指定的寄存器的值，接通或断开所指定的数字输出信号。若寄存器的值为 0 就断开，若是非 0 外则接通。

例：

```
8: DO[1]=RI[2]
9: DO[R[5]]=RI[RI[1]]
```

模拟 I/O（AI/AO）指令，是连续值的输入/输出信号，表示该值的大小为温度、电压等的数据值。

（5）RI[i]=AI[i]　将模拟输入信号的值存储在寄存器中。

例：

```
1: RI[1]=AI[1]
2: RI[RI[3]]=AI[RI[4]]
```

（6）AO[i]=值（变量或常量）　向所指定的模拟输出信号输出值。

例：

```
3: AO[2]=25.6
4: AO[RI[5]]=RI[RI[6]]
```

（7）R[i]=GI[i]　将所指定输入信号的二进制数转换为十进制数后代入所指定的寄存器，群组 I/O（GI/GO）指令对几个数字输入/输出信号进行分组，以一个指令来控制这些信号。

例：

```
1: RI[1]= G I[1]
2: RI[RI[3]]= G I[RI[4]]
```

（8）GO[i]=值（常量或变量）　将经过二进制变换后的值输出到指定的群组中。

例：

```
3: GO[1]=15
```

```
4: GO[R[5]]=RI[RI[1]]
```

2. 转移指令

1）跳转/标签指令 JMP/LBL

（1）标签指令：LBL [i: Comment]

其中，i——取值范围为 1～32766；

Comment——注解（最多 16 个字符）。

标签指令（LBL[i]）是用来表示程序的转移目的地的指令。

（2）跳转指令：JMP LBL [i]

其中，i——取值范围为 1～32766（跳转到标签 i 处）。

JMP LBL[i]指令使程序的执行转移到相同程序内所指定的标签处。

（3）在程序中加入跳转/标签指令 JMP/LBL 的操作步骤见表 5-17。

表 5-17 在程序中加入跳转/标签指令 JMP/LBL 的操作步骤

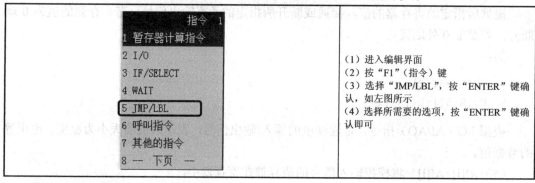

指令 1 1 暂存器计算指令 2 I/O 3 IF/SELECT 4 WAIT 5 JMP/LBL 6 呼叫指令 7 其他的指令 8 -- 下页 --	（1）进入编辑界面 （2）按"F1"（指令）键 （3）选择"JMP/LBL"，按"ENTER"键确认，如左图所示 （4）选择所需要的选项，按"ENTER"键确认即可

图 5-20 条件转移指令

2）条件转移指令 IF

条件转移指令如图 5-20 所示。

条件转移指令的基本形式：

IF　变量 1　比较符号变量表达式的值或数值后执行动作

或者是：

IF（Variable）（Operation）（Value）（Processing）

其中，

● 变量 Variable　表示一个变量，如 R[i]、I/O 等；

● 比较符号 Operation　表示比较运算符，如>、>=、<、<=、<>、=等；

● 变量表达式的值或数值 Value　数值，如 R[i]、I/O（ON/OFF I/O）、常数等；

● 执行动作 Processing　表示操作行为，如跳转 JMP LBL[]、调用程序 CALL（Program）等。

可以通过逻辑运算符"or"（或）和"and"（与）将多个条件组合在一起，但是"or"（或）和"and"（与）不能在同一行中使用。

例如：

IF〈条件 1〉and（条件 2）and（条件 3）是正确的；

IF〈条件 1〉and（条件 2）or（条件 3）是错误的。

例：

```
1: IF RI[1]<3, JMP LBL[1]
```

如果满足 RI[1]的值小于 3 的条件，则跳转到标签 1 处。

例：

```
2: IF DI[1]=ON, CALL TEST
```

如果满足 DI[1]为 ON 的条件，则调用程序 TEST。

例：

```
3: F RI[1]<=3 AND DI[1]〈〉ON, JMP LBL[2]
```

如果满足 RI[1]的值小于等于 3 及 DI[1]不为 ON 的条件，则跳转到标签 2 处。

例：

```
4: IF RI[1]>=3 OR DI[1]=ON, CALL TEST2
```

如果满足 RI[1]的值大于等于 3 或 DI[1]为 ON 的条件，则调用程序 TEST2。

3）条件选择指令 SELECT

条件选择 SELECT 形式为：

```
SELECT RI[i]=(Value)(Processing)
=(Value)(Processing)
=(Value)(Processing)
    ELSE(Processing)
```

其中，Value 值为寄存器 RI[i]的值或常数 Constant；Processing 是操作行为，如 JMP LBL[i]、Call（program）等。

例：

```
SELECT RI[1]=1, CALL TEST1      !满足条件 RI[1]=1，调用 TEST1 程序
=2, JMP LBL[10]         !满足条件 RI[1]=2，跳转到标签 10 处
ELSE, JMP LBL[20]      !否则，跳转到标签 20 处
```

4）FOR/ENDFOR 指令

FOR/ENDFOR 指令，其功能是任意次数返回由 FOR 指令和 ENDFOR 指令所包围的区间（即 FOR/ENDFOR 区间）。FOR/ENDFOR 指令中，存在 2 个指令，即 FOR 指令和 ENDFOR 指令。

● FOR 指令表示 FOR/ENDFOR 区间的开始。

● ENDFOR 指令表示 FOR/ENDFOR 区间的结束。

通过用 FOR 指令和 ENDFOR 指令来包围希望反复的区间，就形成 FOR/ENDFOR 区间。根据由 FOR 指令指定的值，确定反复 FOR/ENDFOR 区间的次数。

（1）FOR 指令。图 5-21 表示出 FOR 指令的形式。

● 计数器使用寄存器。

● 初始值使用常数、寄存器、自变量，常数可以指定−32767～32766 的整数。

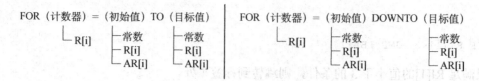

图 5-21   FOR 指令的形式

- 目标值使用常数、寄存器、自变量。常数可以指定-32767~32766 的整数。

执行 FOR 指令时，在计数器的值中带入初始值。要执行 FOR/ENDFOR 区间，需要满足如下的条件：

- 指定 TO 时，初始值在目标值以下。
- 指定 DOWNTO 时，初始值在目标值以上。

条件得到满足时，光标移动到后续行，执行 FOR/ENDFOR 区间。条件没有得到满足时，光标移动到对应的 ENDFOR 指令的后续行，不执行 FOR/ENDFOR 区间。对于 FOR 指令，在一个 FOR/ENDFOR 区间只执行一次。

（2）ENDFOR 指令。执行 ENDFOR 指令时，只要满足如下条件，就反复执行 FOR/ENDFOR 区间。

- 指定了 TO 时，计数器的值小于目标值；
- 指定了 DOWNTO 时，计数器的值大于目标值。

条件满足时，在指定了 TO 的情况下使计数器的值增加 1；在指定了 DOWNTO 的情况下使计数器的值减少 1。此外，移动光标到对应的 FOR 指令的后续行，并再次执行 FOR/ENDFOR 区间。条件没有满足时，光标移动到后续行，FOR/ENDFOR 区间的执行结束。

3. 等待指令

等待指令（如图 5-22 所示），可以在所指定的时间或条件得到满足之前使程序的执行等待。等待指令有两种，即指定时间等待指令和条件等待指令。

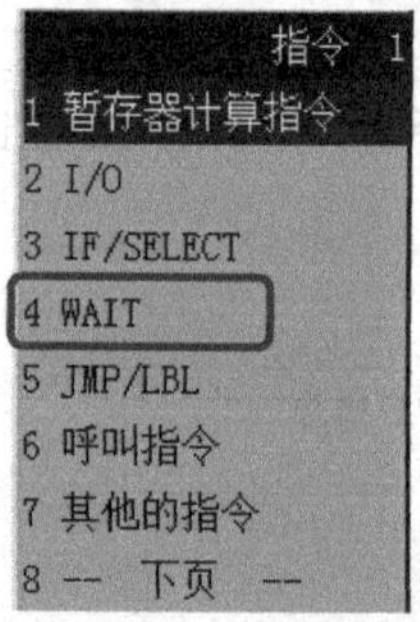

1）指定时间等待指令

（1）WAIT（时间）。指定时间等待指令，使程序的执行在指定时间内等待（等待时间单位为 s，机器人程序中用 sec 表示）。

例：

```
1: WAIT
2: WAIT 10.5sec
3: WAIT RI[1]
```

图 5-22   等待指令

（2）条件等待指令。指令格式为 WAIT（条件）（处理）。条件等待指令，在指定的条件得到满足，或经过指定时间之前，使程序的执行等待。超时的处理通过如下方法来指定。

- 没有指定，直到条件满足。
- TIMEOUT，LBL[i]，若等待时间超过系统所设定的"14 等待超时"（设定界面如图 5-23 所示）时间，则程序就向指定标签转移。

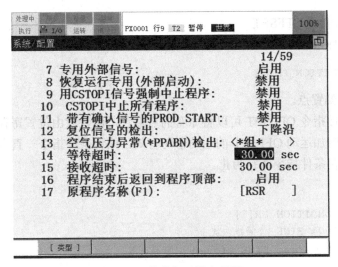

图 5-23　等待超时设定界面

例：

3: WAIT RI[2]<> 1, TIMEOUT LBL[1]

4: WAIT RI[R[1]]>= 200

5: WAIT DI [102] =ON

注意：可以通过逻辑运算符"or"和"and"将多个表达式组合在一起，但"or"和"and"不能在同一行中使用。

当程序中遇到不满足条件的等待语句时，会一直处于等待状态。此时如果想继续往下运行，需要人工干预，按"FCTN"键后，选择"7 解除等待（RELEASE WAIT）"跳过等待语句，并在下个语句处等待。

4. 其他指令

1）调用指令 CALL

调用指令 CALL（Program）中 Program 是需调用的程序名。

在程序中加入调用指令 CALL 的操作步骤见表 5-18。

表 5-18　在程序中加入调用指令 CALL 的操作步骤

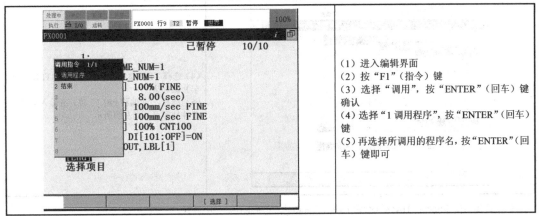

2）偏置条件指令 OFFSET

（1）偏置条件指令 OFFSET 的形式。

`OFFSET CONDITION PR[i]`

其中，PR[i]——偏置点。

通过偏置条件指令 OFFSET 可以将原有的点偏置，偏置量由位置寄存器决定。偏置条件指令只对包含附加运动 OFFSET 的运动语句有效。偏置条件指令一直有效到程序运行结束或者下一个偏置条件指令执行为止。

例：

```
1. OFFSET CONDITION PR[1]
2. J P[1] 100% FINE  !偏移无效
3. L P[2] 500mm/sec FINE offset  !偏移有效
```

但是，程序语句"1. L P[2] 500mm/sec FINE offset，PR[1]"也有效，上面的程序可以等同于：

```
1.OFFSET CONDITION PR[1]
2: L P[2] 500mm/sec FINE offset
```

在程序中加入偏置条件指令 OFFSET 的操作步骤见表 5-19。

表 5-19　在程序中加入偏置条件指令 OFFSET 的操作步骤

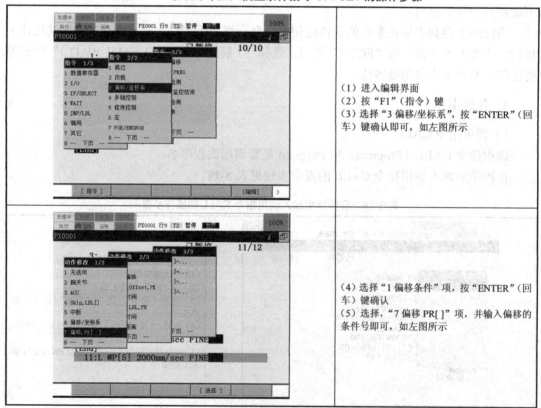

	（1）进入编辑界面 （2）按"F1"（指令）键 （3）选择"3 偏移/坐标系"，按"ENTER"（回车）键确认即可，如左图所示
	（4）选择"1 偏移条件"项，按"ENTER"（回车）键确认 （5）选择，"7 偏移 PR[ ]"项，并输入偏移的条件号即可，如左图所示

注：具体的偏移值可在 DATA（数据）-Position Reg（位置寄存器）中设置。

3）工具坐标系调用指令 UTOOL_NUM

当程序执行完成工具坐标系调用指令 UTOOL_NUM，系统将自动激活该指令设定的工具坐标系。

在程序中加入工具坐标系调用指令 UTOOL_NUM 的操作步骤见表 5-20。

表 5-20　在程序中加入工具坐标系调用指令 UTOOL_NUM 的操作步骤

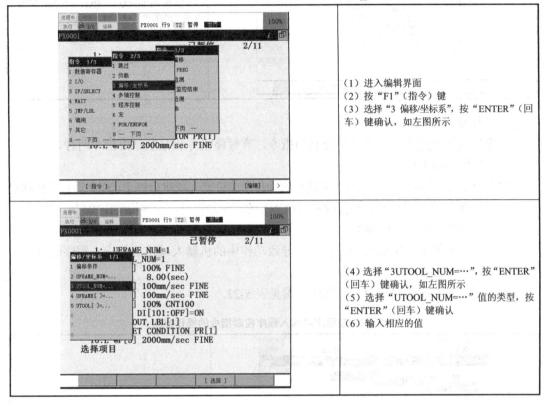

	（1）进入编辑界面 （2）按"F1"（指令）键 （3）选择"3 偏移/坐标系"，按"ENTER"（回车）键确认，如左图所示
	（4）选择"3UTOOL_NUM=…"，按"ENTER"（回车）键确认，如左图所示 （5）选择"UTOOL_NUM=…"值的类型，按"ENTER"（回车）键确认 （6）输入相应的值

4）用户坐标系调用指令 UFRAME_NUM

当程序执行完用户坐标系调用指令 UFRAME_NUM，系统将自动激活该指令设定的用户坐标系。

在程序中加入用户坐标系调用指令 UFRAME_NUM 的操作步骤见表 5-21。

表 5-21　在程序中加入用户坐标系调用指令 UFRAME_NUM 的操作步骤

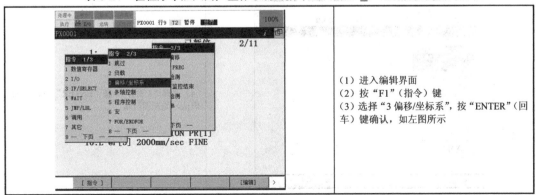

	（1）进入编辑界面 （2）按"F1"（指令）键 （3）选择"3 偏移/坐标系"，按"ENTER"（回车）键确认，如左图所示

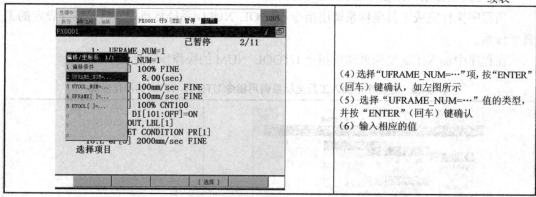

（4）选择"UFRAME_NUM=…"项，按"ENTER"（回车）键确认，如左图所示
（5）选择"UFRAME_NUM=…"值的类型，并按"ENTER"（回车）键确认
（6）输入相应的值

5）程序控制指令

程序控制指令是进行程序执行控制的指令，有暂停指令和强制结束指令两种。

（1）暂停指令 PAUSE。

暂停指令用于停止程序的执行，由此导致动作中的机器人减速后停止，程序运行光标移动到暂停指令的下一行。暂停指令前存在带有 CNT 的动作语句时，不等待动作的完成就停止。

（2）强制结束指令 ABORT。

强制结束指令用于结束程序的执行，导致动作中的机器人减速后停止，程序运行光标移动到当前程序的第 0 行。

在程序中加入程序控制指令的操作步骤见表 5-22。

表 5-22 在程序中加入程序控制指令的操作步骤

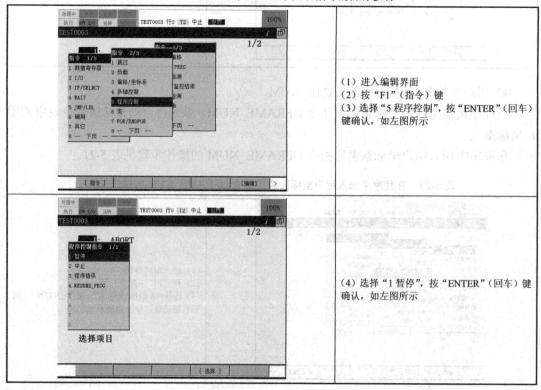

	（1）进入编辑界面 （2）按"F1"（指令）键 （3）选择"5 程序控制"，按"ENTER"（回车）键确认，如左图所示
	（4）选择"1 暂停"，按"ENTER"（回车）键确认，如左图所示

6）多轴控制指令

多轴控制指令 RUN 是用来控制多任务程序的执行的指令。

与调用指令不同之处在于，调用指令是在已被呼叫的程序执行结束后执行调用指令以后的行，而多轴控制指令则同时执行用来启动别的程序的程序。多轴控制指令所启动的程序应属不同动作组。

例：

PROGRAM1

1: RI [1] = 4
2: RUN PROGRAM
3: J P [1] 100% FINE
4: J P [2] 100% FINE
5: L P [3] 100% FINE
6: WAIT RI[1] = 1
动作组 MASK [1, *, *, *, *]

PROGRAM2

1: DO[101]= ON
2: WAIT DI[101]= ON
3: WAIT 0.5s
4: DO[101]= OFF
5: RI[1] = 1
6: ABORT
动作组 MASK [*, *, *, *, *]

7）其他常用指令

1）用户报警指令 UALM[i]

当程序运行用户报警指令 UALM[i]时，机器人会报警并显示报警信息。

使用该指令，首先要设置用户报警。按"MENU"（菜单）键，选择"SETUP"（设定）→"F1 TYPE"（类型）→"User alarm"（使用者定义异常），即可进入用户报警设置界面。

2）时钟指令 TIMER

TIMER[i]（Processing）

时钟指令（如图 5-24 所示）用来启动或停止程序计时器。程序计时器的运行状态，可通过程序计时器界面［状态/程序计时器］进行参照。计时器的值，可使用寄存器指令在程序中进行参照。此时，可使用寄存器指令参照计时器是否已经溢出。程序计时器超过 2147483.647s 时溢出。

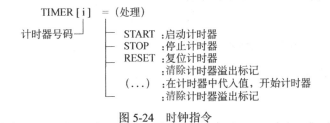

图 5-24　时钟指令

按"MENU"（菜单）键，选择"STATUE"（状态）→"F1 TYPE"（类型）→"Prg Timer"（程序计时器），即可进入程序计时器一览显示界面。

3）倍率指令

倍率指令用来改变速度倍率，其指令格式如下：

OVERRIDE=（value）%　value=1 to 100

例：

1: OVERRIDE = 100 %　　　　!运行速度100%

4）注释指令

注释指令的格式如下：

```
! （Remark）
```

其中，Remark——注解，最多可以有 32 字符。

注释指令用来在程序中记载备注。该备注对于程序的执行没有任何影响。对于注释指令，可以添加包含 1~32 个字符的备注。通过按下"ENTER"键，即可输入备注。

5）消息指令

消息指令的格式如下：

```
Message [message]
```

其中，message——消息，最多可以有 24 字符。

当在程序中运行该指令时，屏幕中将会弹出含有 message 的界面。消息可以包含 1~24 个字符（字符、数字、※、_、@）。通过按下"ENTER"键，即可输入消息。执行消息指令时，自动切换到用户界面。

6）参数指令

参数指令的格式如下：

```
$（系统变量名）=（值）
```

参数指令可以改变系统变量值，或者将系统变量值读到寄存器中。通过使用该指令，可创建考虑到系统变量的内容（值）的程序。参数名不包含其开头的"$"，最多可输入 30 个字符。系统变量中包括变量型数据和位置型数据，其中变量型数据可以代入寄存器，位置型数据可以代入位置寄存器。位置型数据有 3 类，即直角型（XYZWPR 型）、关节型（J1-J6 型）、行列型（AONL 型）。在将位置型数据代入位置寄存器的情况下，位置寄存器的数据类型便变换为要代入的数据类型。在将位置型数据代入寄存器，或者将变量型数据代入位置寄存器的示教的情况下，执行时会发生报警。

例：

```
1: $SHELL_CONFIG.$JOB_BASE = 100
```

7）程序结束指令

```
END
```

程序结束指令是用来结束程序的指令，通过该指令来中断程序的执行。在已经从其他程序呼叫了程序的情况下，执行程序结束指令时，将返回呼叫源程序。

5.3.2 练习 1——熟练阅读 FANUC 工业机器人程序指令

读下面程序，说明每条语句的含义，并绘制程序运行的流程图。

程序：PART1

```
1: TIMER[1]=RESET
2: TIMER[1]=START
```

```
 3: UTOOL_NUM=1
 4: UFRAME_NUM=1
 5: OVERRIDE=30%
 6: RI[1]=0
 7: J PR[1: HOME] 100% FINE
 8: LBL[1]
 9: J P[1] 100% FINE
10: J P[2] 100% FINE Offset, PR[6]
11: J P[3] 100% FINE
12: RI[1]=RI[1]+1
13: IF RI[1]<3, JMP LBL[1]
14: WAIT DI[1]=ON
15: CALL TEST1
16: J PR[1: HOME] 100% FINE
17: Message [PART1 FINISH]
18: TIMER[1]=STOP
19:! PART1 FINISHED
[END]
```

说明：PR[6]=[0，200，0，0，0，0]。

程序流程图如图 5-25 所示。

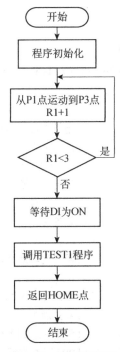

图 5-25　程序流程图

5.3.3　练习 2——根据控制要求完成程序编写

设计循环运动控制程序，控制要求如下：

（1）创建个人的工业机器人控制文件；

（2）示教机器人从 P1 点直线运行至 P2 点；

（3）示教机器人从 P2 点经过圆周上的 P3 点运行至 P4 点；

（4）示教机器人从 P4 点经过圆周上的 P5 点运行至 P2 点；

（5）机器人重复上面的圆周运动三周；

（6）机器人在 P2 点沿 W 回转 90°；

（7）机器人在 P2 点沿 W 回转–90°；

（8）示教机器人从 P2 点关节运行至 P1 点；

（9）运行程序，观察效果。

机器人 TCP 的运行轨迹如图 5-26 所示。

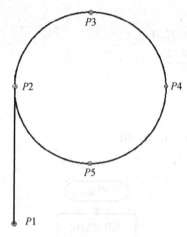

图 5-26　机器人 TCP 运行轨迹

参考程序：

```
 1: UTOOL_NUM=1;                              !选择工具坐标系
 2: UFRAME_NUM=1;                             !选择用户坐标系
 3: RI[1]=0;                                  !定义常量
 4: J P[1] 80% FINE;                          !设定 P1 点
 5: L P[2] 1500mm/sec FINE;                   !直线运动过 P2 点
 6: LBL[2];                                   !标签 2
 7: C P[3]
  : P[4] 1500mm/sec FINE;                     !圆弧运动经 P4 到 P3
 8: C P[5]
  : PI[2] 1500mm/sec FINE;                    !圆弧运动经 P5 到 P2
 9: R[1]=RI[1]+1;                             !常量加 1
10: IF RI[1]<3, JMP LBL[2];                   !如果 RI[1]<3 则跳转到标签 2 处
11: PR[2]=P[1]-P[1];                          !PR[2]数据清零
12: PR[2, 4]=90;                              !PR[2]的回转角 w=90°
13: L P[2] 1000mm/sec FINE Tool_Offset, PR[2]; !回转 90°
14: L P[2] 1000mm/sec FINE;                   !回转 90°
15: L P[1] 1500mm/sec FINE;                   !直线运动到 P1
```

课程总结

在本任务中，主要学习了 FANUC 工业机器人控制类程序指令，常用的控制类程序指令有：

- I/O 指令；
- 跳转/标签指令；
- 条件转移指令；
- 条件选择指令；
- 等待指令；
- 调用指令；
- 工具/用户坐标系调用指令；
- 程序控制指令。

掌握了基本的程序指令，就可以编写复杂的应用程序了。

思考与练习 5-3

1. Message［message］属于_____指令。
2. 解释语句的功能：IF RI[1]<3，JMP LBL[1]，_____。
3. UALM[i]属于_____指令。

本任务课件

任务 4　基于机器人装配工作站程序的编写

 ## 学习目标

学习目标	学习目标分解	学习要求
知识目标	了解 FANUC 工业机器人装配工作站的控制方式	了解
	熟练掌握 FANUC 工业机器人装配工作站 I/O 信号的分配	熟练掌握
	熟练掌握 FANUC 工业机器人宏指令的用法	熟练掌握
技能目标	能够熟练地完成工作站装配程序的编写	熟练操作

 ## 课程导入

在本任务中，将结合实际应用介绍下机器人装配程序的编写。

本任务的实施过程基于 FANUC 机器人教学工作站，要求学习者了解 FANUC 工业机器人教学工作站外围设备的控制，完成装配程序的编写。

课程内容

5.4.1　机器人装配工作站上料及输送单元介绍

FANUC 教学工作站具有两种不同类型的工件，一种是带有两个圆孔的方形工件，一种是圆柱状的圆形工件，根据两种工件的特点采用了井式上料机构及皮带输送机构。方形和圆形工件的上料及输送单元分别如图 5-27 和 5-28 所示。

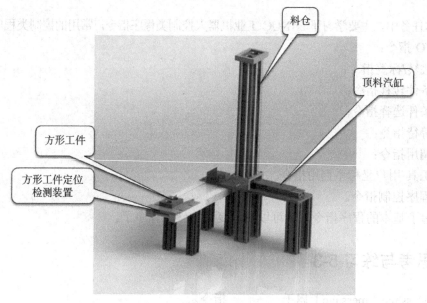

图 5-27　方形工件上料及输送单元

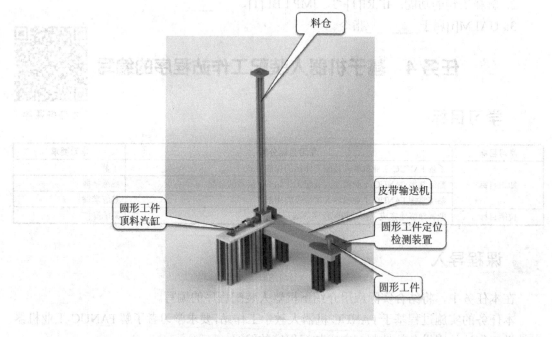

图 5-28　圆形工件上料及输送单元

工件依次被存放在料仓中，由底部的汽缸推动最下面的工件到皮带输送机上，皮带输送机开始转动，工件被运送至皮带前端，定位检测机构检测到工件后，皮带停止转动，工件定位完成。此上料机构具有自动检测出料的功能，料井中工件用尽会有报警、定位完成的工件被取走之后会继续供料等更优化的功能。

　　上料及输送单元（其拆解图如图 5-29 所示）是机器人工作站中的起始单元，向工作站中的其他单元提供原料，相当于实际生产线中的自动上料系统。供料单元的主要结构组成有井式料仓、推料汽缸、物料挡板、安装支架、检测传感器、电磁阀、直流调速电机、输送带、导向架、定位传感器等。

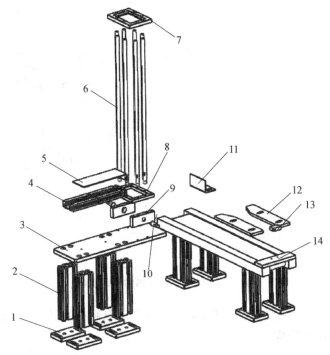

1—固定卡槽；2—安装支架；3—汽缸底座；4—推料汽缸；5—推料顶板；6—料仓支撑杆；7—料仓顶板；
8—料仓底板；9—光电安装板；10—对射光电开关；11—方料推料挡板；12—方料输送挡板；
13—漫反射光电开关；14—皮带输送线

图 5-29　方形工件上料及输送单元拆解图

5.4.2　机器人装配工作站上料及输送单元控制介绍

1. 气动控制回路

　　气动控制回路是本工作单元的执行机构，由 PLC 控制推料。气动控制回路的工作原理如图 5-30 所示。图中，1A 为推料汽缸，B7 和 B8 为安装在推料汽缸的两个极限工作位置的磁感应接近开关（传感器）。YA5 为推料汽缸 1A 的电磁阀。

　　汽缸两端分别有缩回限位与伸出限位两个极限位置，这两个极限位置都装有一个磁性开关。当汽缸的活塞杆运动到一端时，该端的磁性开关就动作，并发出电信号。

　　供料单元的阀组，由一个两位的五通单控电磁阀组成，电磁阀安装在汇流板上，汇流板的两个出气孔均连接了消声器。电磁阀控制着汽缸的往复运动。

2. 推料工作原理（过程）

　　当 PLC 发出推料指令后，电磁阀 YA5 线圈通电，压缩空气经过电磁阀从汽缸 1A 的尾部进入，推料汽缸 1A 伸出，物料推出，磁性传感器 B8 导通，PLC 接收到传感器 B8 导通

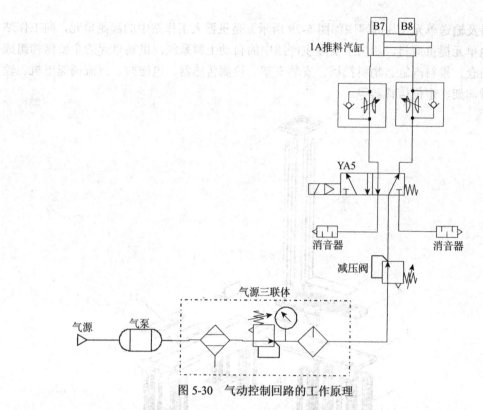

图 5-30　气动控制回路的工作原理

信号后发出返回指令，电磁阀 **YA5** 失电，压缩空气从汽缸头部进入，汽缸缩回，磁性传感器 **B7** 导通，推料动作完成。

3. 输送控制回路

输送控制回路也是本工作单元的执行机构，由 PLC 控制启停。输送控制回路的工作原理如图 5-31 所示。图中，**M1** 为输送电机，**U2** 为直流调速器。

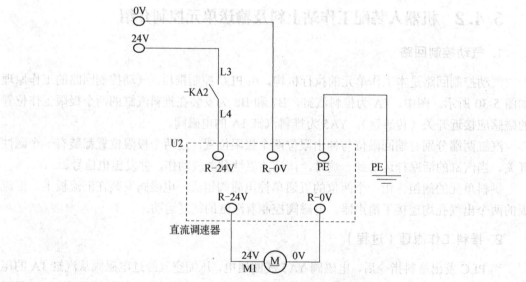

图 5-31　输送控制回路的工作原理

4. 输送工作原理（过程）

推料完成后 PLC 发出输送命令，继电器 KA2 线圈导通，继电器 KA2 的常开触点闭合，调速器 U2 按调节好的速度驱动输送电机 M1，输送到位后 PLC 发出停止指令，继电器 KA2 线圈失电，电机 M1 停止，工件输送完成。

5. 上料及输送单元的 PLC 控制

在料仓底部安装了一个对射光电传感器，在输送带末端安装了一个漫反射光电传感器，分别用于检测料仓内的毛坯工件是否耗尽和物料是否输送到位。

传感器信号和机器人发出的信号一共占用 5 个输入点，3 个输出点分别控制输送电机、电磁阀和发出工件定位完成信号，PLC 的 I/O 信号分配见表 5-23。选用三菱 Q 系列的 Q01CPU、QX41 输入、QY41P 输出模块等。共计 32 点输入、32 点输出，供料及输送单元的 I/O 接线原理图如图 5-32 所示。

表 5-23　PLC 的 I/O 信号分配

输入信号				输出信号			
序号	PLC 输入	信号名称	信号来源	序号	PLC 输出	信号名称	信号来源
1	X07	物料定位检测	传感器	1	Y23	输送电机 M1	
2	X08	仓内物料检测	传感器	2	Y26	推料汽缸	
3	X0A	推料后位	传感器	3	Y30	物料定位完成	
4	X0B	推料前位	传感器	4			
5	X15	物料抓取完成	机器人	5			

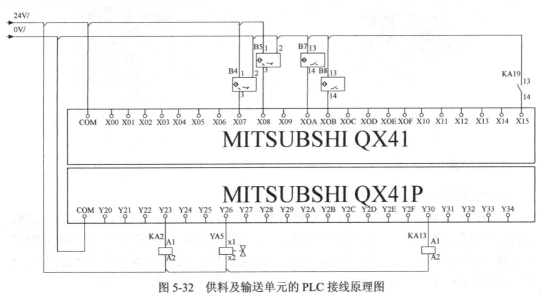

图 5-32　供料及输送单元的 PLC 接线原理图

5.4.3　机器人装配工作站装配平台介绍

1. 装配平台

装配平台用于将两个方形工件及两个圆形工件装配到一起。装配单元工作过程如下：

（1）机器人将方形工件搬运至装配平台上，机器人在 Y 方向上推动工件并在装配工装的作用下完成 Y 方向的定位；

（2）定位汽缸伸出，推动工件在 X 方向运动，在装配工装的作用下完成 X 方向的定位，如图 5-33 所示；

（3）机器人吸取圆形工件并装配到方形工件的第一个圆孔中，完成第一个圆形工件的装配，如图 5-34 所示；

（4）机器人吸取第二个圆形工件并装配到方形工件的第二个圆孔中，完成第二个圆形工件的装配，如图 5-35 所示；

（5）机器人将方形工件搬运至装配平台，在装配平台上完成"换手"动作，换手后机器人将第二个方形工件装配到两个圆形工件上，如图 5-36 所示，至此完成整个产品的装配。

图 5-33　装配 1

图 5-34　装配 2

图 5-35　装配 3

图 5-36　装配 4

2. 装配单元的控制

1）气动控制回路

机器人装配单元气动回路的工作原理如图 5-37 所示，其中，1 为调压阀，2 为控制定位汽缸的两位五通电磁阀，6 为定位汽缸。定位汽缸分别有"打开限位"和"闭合限位"两个极限位置，两个极限位置各安装一个磁性开关，当定位汽缸"伸出"或"收回"到位后，对应的磁性开关会发出感应信号，反馈当前定位汽缸的位置。

2）定位汽缸工作过程

当 PLC 发出"定位"指令时，电磁阀 2 的 1YA 通电，压缩空气经过调压阀 1、电磁阀 2、节流阀 4 进入定位汽缸 6 的左腔，汽缸伸出，进而完成工件定位动作。

当机器人发出"定位完成"指令时，电磁阀 2 的 1YA 断电，压缩空气经过调压阀 1、电磁阀 2、节流阀 5 进入定位汽缸 6 的右腔，汽缸收回。

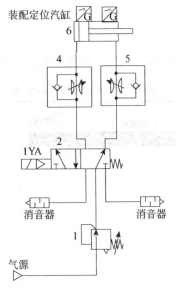

图 5-37　机器人装配单元气动控制回路的工作原理

5.4.4　FANUC 工业机器人宏指令介绍

1. 宏指令介绍

宏指令是将若干程序指令集合在一起一并执行的指令。在机器人的编程中常用到宏指令，宏指令的应用可以使机器人编程更加简化，达到事半功倍的效果，如图 5-38 所示。

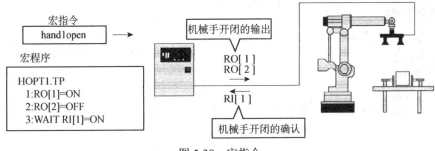

图 5-38　宏指令

宏指令有以下几种应用方式：
- 作为程序中的指令执行；
- 通过 TP 上的手动操作界面执行；
- 通过 TP 上的用户键执行；
- 通过 DI、RI、UI 信号执行。

2. 设置宏指令

（1）宏指令可以通过以下方式进行设置：
- MF[1]～MF[99]MANUAL FCTN 菜单；
- UK[1]～UK[7]用户键 1～7；
- SU[1]～SU[7]用户键 1～7+SHIFT 键；

- DI[1]～DI[9]数字输入；
- RI[1]～RI[8]机器人输入。

（2）宏指令调用前需要对其进行设置，设置步骤见表 5-24。

表 5-24　设置宏指令的步骤

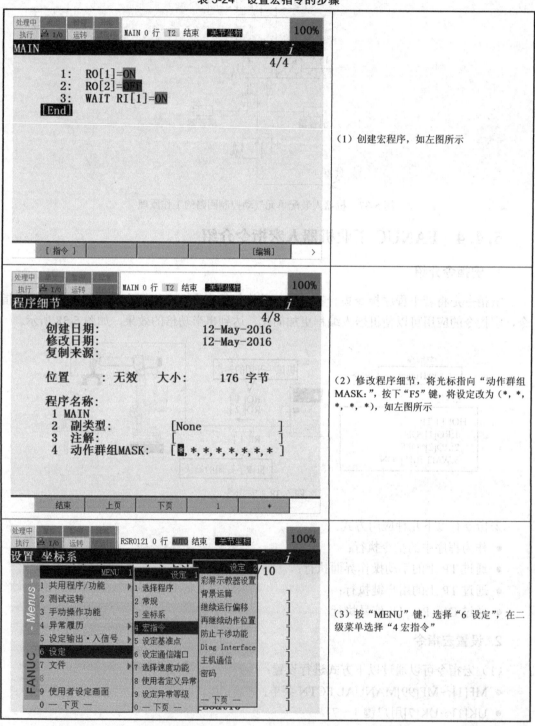

图示	说明
	（1）创建宏程序，如左图所示
	（2）修改程序细节，将光标指向"动作群组 MASK："，按下"F5"键，将设定改为（*，*，*，*，*），如左图所示
	（3）按"MENU"键，选择"6 设定"，在二级菜单选择"4 宏指令"

续表

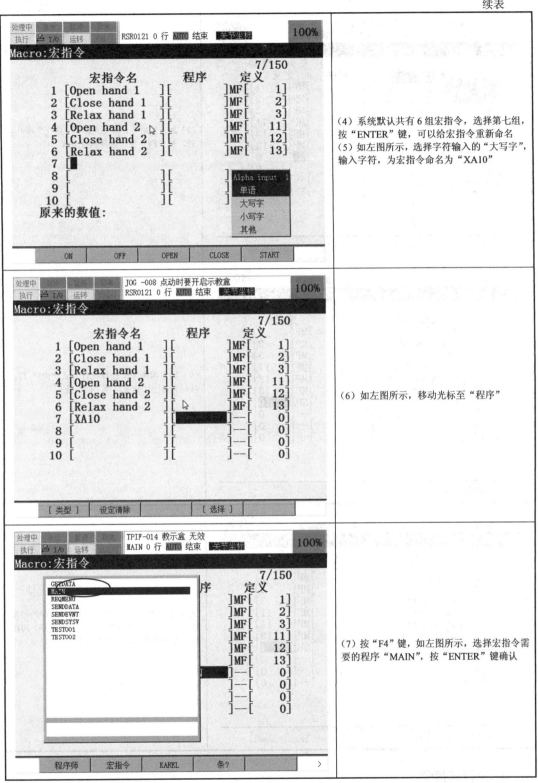

（4）系统默认共有 6 组宏指令，选择第七组，按"ENTER"键，可以给宏指令重新命名
（5）如左图所示，选择字符输入的"大写字"，输入字符，为宏指令命名为"XA10"

（6）如左图所示，移动光标至"程序"

（7）按"F4"键，如左图所示，选择宏指令需要的程序"MAIN"，按"ENTER"键确认

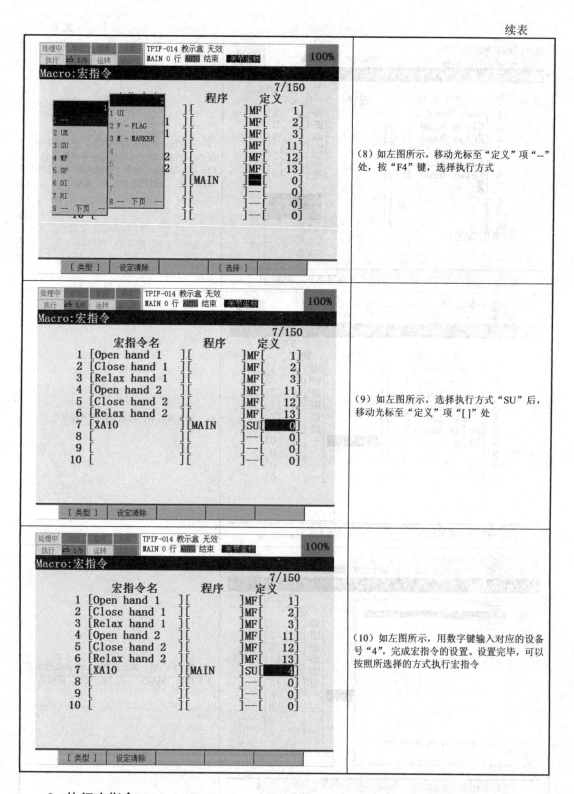

图示	说明
	（8）如左图所示，移动光标至"定义"项"--"处，按"F4"键，选择执行方式
	（9）如左图所示，选择执行方式"SU"后，移动光标至"定义"项"[ ]"处
	（10）如左图所示，用数字键输入对应的设备号"4"，完成宏指令的设置。设置完毕，可以按照所选择的方式执行宏指令

3. 执行宏指令

可以通过表 5-25 所示的方法来执行宏指令。

表 5-25　执行宏指令的方法

TP 置于 NO	方法一 MF[1]～MF[99]	按"Menu"（菜单）键，选择"MANUAL FCTNS"（手动操作功能），选中要执行的宏程序，按"SHIFT"+"F3"键启动
TP 置于 NO	方法二 UK[1]～UK[7]	用户键 1～7，按相应的用户键即可启动
TP 置于 NO	方法三：SU[1]～SU[7]	用户键 1～7+SHIFT 键，按 SHIFT+相应的用户键即可启动
TP 置于 OFF	方法四：DI[1]～DI[9]	输入 DI[i]信号启动
TP 置于 OFF	方法五：RI[1]～RI[8]	输入 RI[i]信号启动
TP 置于 OFF	方法六：程序	作为程序指令执行

通过宏指令的启动，与执行通常的程序一样地执行宏程序，但是受到如下制约：
- 单步运转方式不起作用，始终在连续运转方式下运行；
- 始终强制结束；
- 始终从第 1 行起执行。

在宏程序包含有动作语句（具有动作组）的情况下，必须在动作允许状态下执行宏指令；在不具备动作组的情况下，则没有这个必要。

动作允许状态是指下列条件成立时的状态。
- ENBL 输入为 ON；
- SYSRDY 输出为 OFF（伺服电源关闭）。

5.4.5　机器人装配工作站程序编写

编写机器人程序，让机器人完成工件的装配。

（1）配置机器人 I/O 信号。机器人 I/O 信号的分配见表 5-26。

表 5-26　机器人 I/O 信号的分配

输入	简要说明	输出	简要说明
DI[105]	方形工件定位完成	DO[101]	方形工件抓取完成
DI[106]	圆定位完成	DO[102]	圆形工件抓取完成
DI[107]	装配定位完成	DO[103]	执行装配定位
DI[108]	装配允许放料	DO[104]	吸盘吸取
DI[109]	真空吸盘负压传感器	DO[105]	吸盘反吹
RI[1]	机械夹爪关传感器	RO[1]	机械夹爪控制电磁阀
RI[2]	机械夹爪开传感器	—	—

（2）机器人夹取方形工件至装配区域。

说明：机器人切换气动夹爪，从方形工件上料及输送检测机构上夹取方形工件至装配区，如图 5-39 所示。

参考程序：

```
1: OVERRIDE=40%;                    !最大速度 40%
2: L P[1] 4000mm/sec CNT100;        !准备抓取
3: L P[2] 2000mm/sec CNT20;
4: Open hand 1;                     !宏指令打开夹爪
```

```
 5: WAIT DI[105: fang allow]=ON;          !等待方形工件到位
 6: L P[3] 1000mm/sec FINE;               !到达抓取点
 7: WAIT    .30（sec）;
 8: Close hand 1;                         !宏程序闭合夹爪
 9: L P[4] 2000mm/sec CNT50;              !开始放置
10: L P[5] 2000mm/sec CNT50;
11: WAIT DI[108: ass empty]=ON;           !等待装配区无其他工件
12: L P[6] 1000mm/sec FINE;
13: WAIT    .30（sec）;
14: Open hand 1;                          !打开夹爪放置工件
15: L P[7] 2000mm/sec CNT50;              !工件定位
16: L P[8] 2000mm/sec CNT50;
17: L P[9] 2000mm/sec CNT50;
18: L P[10] 1000mm/sec FINE;
19: WAIT    .20（sec）;
20: DO[103: ass start]=PULSE;
21: L P[11] 4000mm/sec CNT50;
22: L P[12] 4000mm/sec CNT100;
```

图 5-39　夹取方形工件

（3）机器人用吸盘分别吸取圆形工件依次至方形工件的两个孔中。

说明：机器人切换真空吸盘夹爪，从圆形工件上料及输送检测机构上夹取圆形工件至方形工件的圆孔中。圆形工件的放置位置如图 5-40 所示。

参考程序（第一个圆形工件抓取）：

```
1: OVERRIDE=40%;                          !设定速度及坐标系
2: UTOOL_NUM=2;
3: UFRAME_NUM=0;
4: J P[2] 100% CNT100;                    !准备抓取
5: J P[3] 100% CNT100;
6: L P[5] 1000mm/sec CNT50;
7: LBL[2];
8: WAIT DI[106: yuan allow]=ON;           !等待圆形工件到位
9: DO[104: adsorption]=ON;                !开始吸气
```

```
10: L P[6] 2000mm/sec CNT100;
11: L P[7] 800mm/sec FINE;
12: WAIT     .20（sec）;
13: L P[8] 800mm/sec FINE;
14: IF DI[109: pressure]=ON, JMP LBL[1];       !判断是否吸到工件
15: IF DI[109: pressure]=OFF, JMP LBL[2];      !如果没有则重新吸取工件
16:;
17: LBL[1];
18: L P[9] 2000mm/sec CNT30;
19: J P[10] 100% CNT100;
20: J P[11] 100% CNT30;
21: WAIT DI[107: location done]=ON;
22: L P[12] 1000mm/sec FINE;
23: L P[13] 1000mm/sec FINE;
24: WAIT     .20（sec）;
25: DO[104: adsorption]=OFF;
26: DO[105: blow]=PULSE, 0.1sec;
27: L P[14] 4000mm/sec CNT100;
```

圆形工件
方形工件

图 5-40　工件位置

（4）机器人再次抓取一个方形工件，并借助装配工作台完成"翻盖"动作，机器人将方形工件扣到装配区域，完成工件的装配。

说明：由于方形工件在方料供料系统中"口"是向上的，需要借助装配工作台完成一个"翻盖"动作，使方料的"口"向下，如图 5-41 所示。

参考程序：

```
1: OVERRIDE=40%;
2: L P[1] 4000mm/sec CNT100;        !第一次变换工件姿势
3: L P[2] 2000mm/sec CNT20;
4: Open hand 1;
5: WAIT DI[105: fang allow]=ON;
6: L P[3] 1000mm/sec FINE;
7: WAIT     .30（sec）;
8: Close hand 1;
9: L P[4] 2000mm/sec CNT50;
```

```
10: L P[5] 2000mm/sec CNT50;
11: WAIT DI[108: ass empty]=ON;
12: L P[6] 1000mm/sec FINE;
13: WAIT    .30 (sec);
14: Open hand 1;
15: L P[7] 2000mm/sec CNT50;
16: L P[8] 2000mm/sec CNT50;
17: L P[9] 2000mm/sec CNT50;
18: L P[10] 1000mm/sec FINE;
19: WAIT    .20 (sec);
20: DO[103: ass start]=PULSE;
21: L P[11] 4000mm/sec CNT50;
22: L P[12] 4000mm/sec CNT100;
```

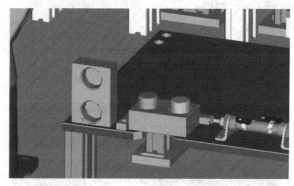

图 5-41 "翻盖"动作

 课程总结

在本任务的学习重点为：

1. 熟悉工业机器人宏程序；

2. 了解机器人教学工作站构成；

3. 掌握 FANUC 工业机器人装配程序的编写。

装配属于常见的机器人应用，编写程序时要求机器人工程师精准地示教位置点，否则会损害到工件。

 思考与练习 5-4

一、填空

1.＿＿＿＿＿＿是将若干程序指令集合在一起，一并执行的指令。

二、问答

宏指令的应用方式有哪几种？

三、技能训练

完成 FANUC 工业机器人教学工作站入库程序的编写。

参 考 文 献

[1] FANUC Robot Series R-30iB Mate 控制装置维修说明书. 上海发那科机器人有限公司，2013.

[2] FANUC Robot Series R-30iB Mate 控制装置（外气导入型）维修说明书. 上海发那科机器人有限公司，2013.

[3] FANUC Robot Series R-30iB /R-30iB Mate 控制装置操作说明书（基本操作篇）. 上海发那科机器人有限公司，2014.

[4] FANUC Robot ARC Mate 100iC/ FANUC Robot ARC Mate 100iCe/ FANUC Robot M-10iA/ FANUC Robot M-10iAe 机构部操作说明书. 上海发那科机器人有限公司，2011.